EUROPA-FACHBUCHREIHE
für Chemieberufe

AF842056

Tabellen zur Chemie und Analytik

in Ausbildung, Studium und Beruf

17. aktualisierte und erweiterte Auflage

VERLAG EUROPA-LEHRMITTEL · Nourney, Vollmer GmbH & Co. KG
Düsselberger Straße 23 · 42781 Haan-Gruiten

Europa-Nr.: 27016

Autoren: Dr. rer. nat. Heinz Hug, Dipl.-Chem.
Dr. rer. nat. Werner Krause, Professor, Dipl.-Chem.
Dr. rer. nat. Ingo Tausendfreund, Professor, Dipl.-Chem.

Autoren der früheren Auflagen:
Dr. Ulrich Hübschmann
Dr. Erwin Links
Dr. Erich Hitzel

Verlagslektorat: Dr. Astrid Grote-Wolff
Bildbearbeitung: Zeichenbüro des Verlags Europa-Lehrmittel, 73760 Ostfildern

17. Auflage 2025
Druck 5 4 3 2 1

Alle Drucke derselben Auflage sind parallel einsetzbar, da sie bis auf die Korrektur von Druckfehlern identisch sind.

ISBN 978-3-7585-2348-9

Satz: Daniela Schreuer, 78224 Singen
Umschlag: braunwerbeagentur, Radevormwald
Umschlagfoto: © totojang1977 – shutterstock.com
Druck: Plump Druck und Medien GmbH, 53619 Rheinbreitbach

Vorwort

Die bewährte Datensammlung **Tabellen zur Chemie und Analytik in Ausbildung, Studium und Beruf** enthält übersichtlich und kompakt die wichtigsten Daten und Formeln aus den Bereichen Chemie, chemische Analytik, instrumentelle Analytik, Strukturaufklärung, Physik und statistische Beurteilung von Messwerten.
Die Kapitel zur instrumentellen Analytik wurden mit vielen Informationen zu chromatografischen Trennverfahren, spektroskopischen und spektrometrischen Verfahren, Massenspektrometrie und Strukturaufklärung im Vergleich zu früheren Auflagen deutlich erweitert. Die Hinweise und Vorschläge aufmerksamer Leser trugen zur weiteren Verbesserung des Tabellenbuchs in der **17. Auflage** bei.
Das Buch kann während des Unterrichts sowie in Vorlesungen, Übungen, Praktika und Prüfungen zum zügigen Recherchieren von Fachinformationen genutzt werden. Dadurch bedingt ist das Tabellenbuch nicht nur eine große Hilfe für **Auszubildende in Laborberufen**, sondern es dient auch im **Studium** der Naturwissenschaften und im **Berufsalltag** als aktuelles und leicht handhabbares Nachschlagewerk.
Hinweise, die zur Weiterentwicklung des Buches beitragen, werden auch weiterhin unter der Verlagsadresse oder per Mail (lektorat@europa-lehrmittel.de) dankbar entgegengenommen.

Frühjahr 2025 Autoren und Verlag

1 Chemische Elemente

1.1 Periodensystem der Elemente

Siehe Umschlaginnenseiten U2 und U3

1.2 Tafel der Elemente

Die molaren Massen der in der Tafel aufgeführten Elemente sind auf drei Stellen kaufmännisch gerundet angegeben. Die runde Klammer gibt die Unsicherheit der letzten Stelle an. Intervalle zwischen oberer und unterer Grenze sind in eckigen Klammern angegeben. Die Elemente mit einer Ordnungszahl über 95 wurden aufgrund ihrer geringen Bedeutung im Laboralltag, der Natur und der Produktion nicht berücksichtigt.

M: **molare Masse** in $g \cdot mol^{-1}$
OZ: **häufigste Oxidationszahlen**
ϑ_m: **Schmelztemperatur** bei 1013,25 hPa in °C
ϑ_b: **Siedetemperatur** bei 1013,25 hPa in °C
ϱ: **Dichte** bei 20 °C in $g \cdot cm^{-3}$
Radius in pm (1 pm = 10^{-12} m)

Element	Symbol	M in $g \cdot mol^{-1}$	OZ	ϑ_m in °C	ϑ_b in °C	ϱ in $g \cdot cm^{-3}$	Radius Atom	Radius Ionen
							in pm	in pm
Actinium	Ac	227,028	+III	(1050)	3200	10,07	188	Ac^{3+} 118
Aluminium	Al	26,982	+III	660	2450	2,70	143	Al^{3+} 50
Americium	Am	243,061	+III	1176	2600	13,67	173	Am^{3+} 106, Am^{4+} 92
Antimon	Sb	121,760(1)	-III, +III, +V	630,7	1380	6,69	145	Sb^{3-} 245, Sb^{5+} 65
Argon	Ar	[39,792; 39,963]	0	−189,4	−185,8	$1,78 \cdot 10^{-3}$	154	
Arsen	As	74,922	−III, +III, +V	817 (28 bar)	613 (subl.)		125	As^{3-} 222, As^{5+} 47
Astat	At	210,987	−I, +I	302	(337)			
Barium	Ba	137,327(7)	+II	725	1640	3,65	217	Ba^{2+} 135
Beryllium	Be	9,012	+II	1278	2770	1,85	111	Be^{2+} 31
Bismut	Bi	208,980	+III	271,3	1560	9,80	155	Bi^{3+} 120, Bi^{5+} 74
Blei	Pb	207,2(1)	+II, +IV	327,4	1755	11,34	175	Pb^{2+} 120, Pb^{4+} 84
Bor	B	[10,806; 10,821]	+III	2300	4002	80		B^{3+} 20
Brom	Br	[79,901; 79,907]	-I, +I, +III, +V	−7,2	58,8	3,14	114	Br^{-} 195
Cadmium	Cd	112,414(4)	+II	320,9	765	8,64	149	Cd^{2+} 97
Caesium	Cs	132,905	+I	28,4	690	1,90	266	Cs^{+} 169
Calcium	Ca	40,078(4)	+II	839	1440	1,55	197	Ca^{2+} 99
Cer	Ce	140,116(1)	+III, +IV	795	3468	6,77	181	Ce^{3+} 111, Ce^{4+} 101
Chlor	Cl	[35,446; 35,457]	−I, +I, +III, +V, +VII	−101,0	−34,7	$3,21 \cdot 10^{-3}$	99	Cl^{-} 181, Cl^{7+} 26
Chrom	Cr	51,996	+III, +VI	1875	2665	6,92	125	Cr^{3+} 69, Cr^{6+} 52
Cobalt	Co	58,933	+II, +III	1495	2870	8,89	125	Co^{2+} 74, Co^{3+} 63
Dysprosium	Dy	162,500(1)	+III	1407	(2600)	8,54	180	Dy^{3+} 99
Eisen	Fe	55,845(2)	+II, +III, +VI	1536	2730	7,86	124	Fe^{2+} 76, Fe^{3+} 64

Element	Sym-bol	M in $g \cdot mol^{-1}$	OZ	ϑ_m in °C	ϑ_b in °C	ϱ in $g \cdot cm^{-3}$	Radius	
							Atom	Ionen
							in pm	
Erbium	Er	167,259(3)	+III	1497	2868	9,05	178	Er^{3+} 96
Europium	Eu	151,964(1)	+II, +III	826	1439	5,26	199	Eu^{3+} 95
Fluor	F	18,998	–I	−219,6	−188,2	$1{,}696 \cdot 10^{-3}$	71	F^{-} 136
Francium	Fr	223,020	+I	27	677			Fr^{+} 176
Gadolinium	Gd	157,25(3)	+III	1312	3273	7,89	199	Gd^{2+} 112
Gallium	Ga	69,723(1)	+III	29,8	2237	5,91	122	Ga^{3+} 62
Germanium	Ge	72,630(8)	–IV, +II, +IV	937	2830	5,32	123	Ge^{4+} 53
Gold	Au	196,967	+I, +III	1063	2970	19,3	144	Au^{+} 137
Hafnium	Hf	178,486(6)	+IV	2222	4603	13,31	156	Hf^{4+} 81
Helium	He	4,003	0	−269,7	−268,9	$1{,}758 \cdot 10^{-4}$	93	
Holmium	Ho	164,930	+III	1470	2700	8,78	179	Ho^{3+} 97
Indium	In	114,818(1)	+III	156	2080	7,31	163	In^{3+} 81
Iod	I	126,904	–I, +I, +III, +V, +VII	113,7 subl.	183	4,94	133	I^{-} 216
Iridium	Ir	192,217(2)	+III, +IV	2454	4130	22,5	136	Ir^{4+} 66
Kalium	K	39,098	+I	63,7	760	0,85	227	K^{+} 133
Kohlenstoff	C	[12,0096; 12,0116]	–IV, +IV	Grafit 3727		Grafit 2,25 Diamant 3,51	77	[C^{4-} 260, C^{4+} 15]
Krypton	Kr	83,798(2)	0	−157,3	−152	$3{,}74 \cdot 10^{-3}$	169	
Kupfer	Cu	63,546(3)	+I, +II	1083	2595	8,93	128	Cu^{+} 96, Cu^{2+} 69
Lanthan	La	138,905	+III	920	3470	6,17	187	La^{3+} 115
Lithium	Li	[6,938; 6,997]	+I	180,5	1372	0,53	152	Li^{+} 60
Lutetium	Lu	174,9667	+III	1656	3327	9,84	175	Lu^{3+} 93
Magnesium	Mg	[24,304; 24,307]	+II	648,8	1107	1,74	160	Mg^{2+} 65
Mangan	Mn	54,938	+II, +IV, +VII	1245	2152	7,43	137	Mn^{2+} 80
Molybdän	Mo	95,95(1)	+IV, +VI	2617	4639	10,28	136	Mo^{4+} 68, Mo^{6+} 62
Natrium	Na	22,990	+I	97,8	892	0,97	186	Na^{+} 95
Neodym	Nd	144,242(3)	+III	1010	3127	7,0	182	Nd^{3+} 108
Neon	Ne	20,180	0	−248,6	−246,0	$8{,}999 \cdot 10^{-4}$	112	
Neptunium	Np	237,048	+IV	640		19,5	159	Pu^{4+} 86
Nickel	Ni	58,693	+II	1453	2730	8,90	125	Ni^{2+} 72, Ni^{3+} 62
Niob	Nb	92,906	+V	2468	4744	8,58	143	Nb^{5+} 70
Osmium	Os	190,23(3)	+IV	3045	5012	22,61	134	Os^{4+} 69
Palladium	Pd	106,42(1)	+II, +IV	1552	3980	12,0	138	Pd^{2+} 86
Phosphor	P	30,974	–III, +III, +V	weiß 44,2	weiß 280	weiß 1,82 rot 2,20 schwarz 2,70	110	P^{3-} 212, P^{5+} 34
Platin	Pt	195,084(9)	+II, +IV	1772	3827	21,45	139	Pt^{2+} 96
Plutonium	Pu	244,064	+IV	640	3235	19,84		
Polonium	Po	209,983	–II, +II, +IV	254	962	9,4 (β-Po)	(176)	Po^{4+} 94
Praseodym	Pr	140,908	+III	935	3127	6,77	182	Pr^{3+} 109, Pr^{4+} 92
Promethium	Pm	144,913	+III	1363	3273	7,26	183	Pm^{+3} 97
Protactinium	Pa	231,036	+V	1554	4227	15,4	163	Pa^{+5} 78
Quecksilber	Hg	200,592(3)	+II	−38,4	356,6	13,5457	150	Hg^{2+} 110
Radium	Ra	226,025	+II	700	1737	5,5	220	Ra^{2+} 140

Element	Symbol	M in $g \cdot mol^{-1}$	OZ	ϑ_m in °C	ϑ_b in °C	ϱ in $g \cdot cm^{-3}$	Radius Atom in pm	Radius Ionen in pm
Radon	Rn	222,018	0, +II, +VI	−71	−61,8	$9{,}73 \cdot 10^{-3}$	220	
Rhenium	Re	186,207(1)	+IV	3180	5596	21,0	137	Re^{4+} 63
Rhodium	Rh	102,905	+III	1966	3697	12,4	135	Rh^{3+} 86
Rubidium	Rb	85,468	+I	38,9	688	1,53	248	Rb^{+} 148
Ruthenium	Ru	101,07(2)	+III, +IV	2310	4150	12,45	133	Ru^{3+} 69, Ru^{4+} 67
Samarium	Sm	150,36(2)	+III	1072	1800	7,54	181	Sm^{3+} 104
Sauerstoff	O	[15,99903; 15,99977]	−II	−218,8	−182,9	$1{,}43 \cdot 10^{-3}$	74	O^{2-} 140
Scandium	Sc	44,996	+III	1539	2730	3,0	161	Sc^{3+} 31
Schwefel	S	[32,059; 32,076]	−II, +II, +IV, +VI	119,0	444,6	rhombisch 2,07 monoklin 1,96	103	S^{2-} 184 S^{6+} 29
Selen	Se	78,971(8)	−II, +II, +IV, +VI	217	685	($\beta \approx 4{,}8$)	116	Se^{2+} 198
Silber	Ag	107,868	+I	961,9	2210	10,5	145	Ag^{+} 126
Silicium	Si	[28,084; 28,086]	−IV, +IV	1410	2630	2,33	118	
Stickstoff	N	[14,00643; 14,00728]	−III, +III, +V	−210,0	−195,8	$1{,}25 \cdot 10^{-3}$	73	N^{3+} 171, N^{5+} 11
Strontium	Sr	87,62(1)	+II	768	1380	2,6	215	Sr^{2+} 113
Tantal	Ta	180,94788(2)	+V	2996	5425	16,68	143	Ta^{5+} 73
Technetium	Tc	97,907	+IV, +VII	2200	4265	11,5	135	Tc^{7+} 56
Tellur	Te	127,60(3)	−II, +II, +IV, +VI	449,5	989,8	6,24	143	Te^{2+} 221
Terbium	Tb	158,925	+I, +III	1360	3230	8,25	180	Tb^{3+} 100
Thallium	Tl	[204,382; 204,385]	+I, +III	303	1457	11,85	170	Tl^{+} 140, Tl^{3+} 95
Thorium	Th	232,038	+IV	1750	3850	11,7	180	Th^{3+} 114, Th^{4+} 95
Thulium	Tm	168,934	+III	1545	1950	9,33	177	Tm^{3+} 95
Titan	Ti	47,867(1)	+IV	1660	3260	4,51	145	Ti^{3+} 90, Ti^{4+} 68
Uran	U	238,029	+VI	1132	3818	18,97	138	U^{4+} 89, U^{6+} 73
Vanadium	V	50,942	+V	1890	3380	6,09	131	V^{3+} 74, V^{5+} 59
Wasserstoff	H	[1,00784; 1,00811]	−I, +I	−259,2	−252,7	$8{,}99 \cdot 10^{-5}$	30	H^{-} 208, H^{+} [1])
Wolfram	W	183,84(1)	+IV, +VI	3410	5930	19,3	137	W^{4+} 66, W^{6+} 60
Xenon	Xe	131,293(6)	0	−111,9	−107,1	$5{,}90 \cdot 10^{-3}$	218	Xe^{+1} 190
Ytterbium	Yb	173,045(10)	+III	824	1427	6,98	194	Yb^{2+} 113, Yb^{3+} 95
Yttrium	Y	88,906	+III	1523	2927	4,47	178	Y^{3+} 93
Zink	Zn	65,38(2)	+II	419,5	906	7,14	133	Zn^{2+} 74
Zinn	Sn	118,710(7)	−IV, +II, +IV	232,0	2270	7,29	141	Sn^{2+} 112, Sn^{4+} 71
Zirkonium	Zr	91,224(2)	+IV	1852	3580	6,51	159	Zr^{4+} 80

[1]) Der Ionenradius von H^{+} beträgt im Gasraum 0,00085 pm. Dies ist jedoch in wässrigen Lösungen nicht relevant, da die Ionen stets hydratisiert sind. Die Wahrscheinlichkeit, ein freies Proton in wässriger Lösung zu finden, beträgt nach *Fajans* $P = 10^{-130}$

1.3 Natürliche Nuklide

Exakte Atommassen und Häufigkeiten der Nuklide nach Massen sortiert

Symbol	Masse in *u*	Häufigkeit in %
H(1)	1,007825	99,99
H(2)	2,014102	0,015
He(3)	3,016029	0,0001
He(4)	4,002603	100
Li(6)	6,015123	7,42
Li(7)	7,016005	92,58
Be(9)	9,012183	100
B(10)	10,012938	19,8
B(11)	11,009305	80,2
C(12)	12	98,9
C(13)	13,003355	1,1
N(14)	14,003074	99,63
N(15)	15,000109	0,37
O(16)	15,994915	99,76
O(17)	16,999131	0,038
O(18)	17,999159	0,2
F(19)	18,998403	100
Ne(20)	19,992439	90,6
Ne(21)	20,993845	0,26
Ne(22)	21,991384	9,2
Na(23)	22,98977	100
Mg(24)	23,985045	78,9
Mg(25)	24,985839	10,0
Mg(26)	25,982595	11,1
Al(27)	26,981541	100
Si(28)	27,976928	92,23
Si(29)	28,976496	4,67
Si(30)	29,973772	3,1
P(31)	30,973763	100
S(32)	31,972072	95,02
S(33)	32,971459	0,75
S(34)	33,967868	4,21
Cl(35)	34,968853	75,77
S(36)	35,967079	0,02
Ar(36)	35,967546	0,34
Cl(37)	36,965903	24,23
Ar(38)	37,962732	0,063
K(39)	38,963708	93,2
Ar(40)	39,962383	99,6
Ca(40)	39,962591	96,95
K(40)	39,963999	0,012
K(41)	40,961825	6,73
Ca(42)	41,958622	0,65
Ca(43)	42,95877	0,14
Ca(44)	43,955485	2,086
Sc(45)	44,955914	100
Ti(46)	45,952633	8,0
Ca(46)	45,953689	0,004
Ti(47)	46,951765	7,3
Ti(48)	47,947947	73,8
Ca(48)	47,952532	0,19
Ti(49)	48,947871	5,5
Ti(50)	49,944786	5,4
Cr(50)	49,946046	4,35
V(50)	49,947161	0,25
V(51)	50,943963	99,75
Cr(52)	51,94051	83,79
Cr(53)	52,940651	9,5
Cr(54)	53,938882	2,36
Fe(54)	53,939612	5,8
Mn(55)	54,938046	100
Fe(56)	55,934939	91,72
Fe(57)	56,935396	2,2
Fe(58)	57,933278	0,28
Ni(58)	57,935347	68,27
Co(59)	58,933198	100
Ni(60)	59,930789	26,1
Ni(61)	60,931059	1,13
Ni(62)	61,928346	3,59
Cu(63)	62,929599	69,17
Ni(64)	63,927968	0,91
Zn(64)	63,929145	48,6
Cu(65)	64,927792	30,83
Zn(66)	65,926035	27,9
Zn(67)	66,927129	4,1
Zn(68)	67,924846	18,8
Ga(69)	68,925581	60,1
Ge(70)	69,92425	20,5
Zn(70)	69,925325	0,6
Ga(71)	70,924701	39,9
Ge(72)	71,92208	27,4
Ge(73)	72,923464	7,8
Ge(74)	73,921179	36,5
Se(74)	73,922477	0,9
As(75)	74,921596	100
Se(76)	75,919207	9,0
Ge(76)	75,921403	7,8
Se(77)	76,919908	7,6
Se(78)	77,917304	23,5
Kr(78)	77,920397	0,35
Br(79)	78,918336	50,69
Kr(80)	79,916375	2,25
Se(80)	79,916521	49,6
Br(81)	80,91629	49,31
Kr(82)	81,913483	11,6
Se(82)	81,916709	9,4
Kr(83)	82,914134	11,5
Kr(84)	83,911506	57,0
Sr(84)	83,913428	0,56
Rb(85)	84,9118	72,17
Sr(86)	85,909273	9,86
Kr(86)	85,910614	17,3
Sr(87)	86,908902	7,0
Rb(87)	86,909184	27,84
Sr(88)	87,905625	82,58
Y(89)	88,905856	100
Zr(90)	89,904708	51,45
Zr(91)	90,905644	11,27
Zr(92)	91,905039	17,17
Mo(92)	91,906809	14,84
Nb(93)	92,906378	100
Mo(94)	93,905086	9,25
Zr(94)	93,906319	17,33
Mo(95)	94,905838	15,92
Mo(96)	95,904676	16,68
Ru(96)	95,907596	5,52
Zr(96)	95,908272	2,78
Mo(97)	96,906018	9,55
Ru(98)	97,905287	1,88
Mo(98)	97,905405	24,13
Ru(99)	98,905937	12,7
Ru(100)	99,904218	12,6
Mo(100)	99,907473	9,63
Ru(101)	100,905581	17,0
Ru(102)	101,904348	31,6
Pd(102)	101,905609	1,02
Rh(103)	102,905503	100
Pd(104)	103,904026	11,14
Ru(104)	103,905422	18,7
Pd(105)	104,905075	22,33
Pd(106)	105,903475	27,33
Cd(106)	105,906461	1,25
Ag(107)	106,905095	51,84
Pd(108)	107,903894	26,46
Cd(108)	107,904186	0,89
Ag(109)	108,904754	48,16
Cd(110)	109,903007	12,49
Pd(110)	109,905169	11,72

Symbol	Masse in *u*	Häufigkeit in %
Cd(111)	110,904182	12,8
Cd(112)	111,902761	24,13
Sn(112)	111,904826	0,97
In(113)	112,904056	4,3
Cd(113)	112,904401	12,22
Sn(114)	113,902784	0,65
Cd(114)	113,903361	28,73
Sn(115)	114,903348	0,36
In(115)	114,903875	95,7
Sn(116)	115,901744	14,7
Cd(116)	115,904758	7,49
Sn(117)	116,902954	7,7
Sn(118)	117,901607	24,3
Sn(119)	118,90331	8,6
Sn(120)	119,902199	32,4
Te(120)	119,904021	0,096
Sb(121)	120,903824	57,3
Te(122)	121,903055	2,6
Sn(122)	121,90344	4,6
Sb(123)	122,904222	42,7
Te(123)	122,904278	0,91
Te(124)	123,902825	4,82
Sn(124)	123,905271	5,6
Xe(124)	123,905894	0,1
Te(125)	124,904435	7,14
Te(126)	125,90331	18,95
Xe(126)	125,904281	0,09
I(127)	126,904477	100
Xe(128)	127,903531	1,91
Te(128)	127,904464	31,69
Xe(129)	128,90478	26,4
Xe(130)	129,90351	4,1
Te(130)	129,906229	33,8
Ba(130)	129,906277	0,11
Xe(131)	130,905076	21,2
Xe(132)	131,904148	26,9
Ba(132)	131,905042	0,1
Cs(133)	132,905433	100
Ba(134)	133,90449	2,42
Xe(134)	133,905395	10,4
Ba(135)	134,905668	6,59
Ba(136)	135,904556	7,85
Ce(136)	135,90714	0,19
Xe(136)	135,907219	8,9
Ba(137)	136,905816	11,23
Ba(138)	137,905236	71,7
Ce(138)	137,905996	0,25
La(138)	137,907114	0,09
La(139)	138,906355	99,91
Ce(140)	139,905442	88,48

Symbol	Masse in *u*	Häufigkeit in %
Pr(141)	140,907657	100
Nd(142)	141,907731	27,13
Ce(142)	141,909249	11,08
Nd(143)	142,909823	12,18
Nd(144)	143,910096	23,8
Sm(144)	143,912009	3,1
Nd(145)	144,912582	8,3
Nd(146)	145,913126	17,19
Sm(147)	146,914907	15,0
Sm(148)	147,914832	11,3
Nd(148)	147,916901	5,76
Sm(149)	148,917193	13,8
Sm(150)	149,917285	7,4
Nd(150)	149,9209	5,64
Eu(151)	150,91986	47,8
Sm(152)	151,919741	26,7
Gd(152)	151,919803	0,2
Eu(153)	152,921243	52,2
Gd(154)	153,920876	2,18
Sm(154)	153,922218	22,7
Gd(155)	154,822629	14,8
Gd(156)	155,92213	20,47
Dy(156)	155,924287	0,06
Gd(157)	156,923967	15,65
Gd(158)	157,924111	24,84
Dy(158)	157,924412	0,1
Tb(159)	158,92535	100
Dy(160)	159,925203	2,34
Gd(160)	159,927061	21,86
Dy(161)	160,926939	18,9
Dy(162)	161,926805	25,5
Er(162)	161,928787	0,14
Dy(163)	162,928737	24,9
Dy(164)	163,929183	28,2
Er(164)	163,929211	1,61
Ho(165)	164,930332	100
Er(166)	165,930305	33,6
Er(167)	166,932061	22,95
Er(168)	167,932383	26,8
Yb(168)	167,933908	0,13
Tm(169)	168,934225	100
Yb(170)	169,934774	3,05
Er(170)	169,935476	14,9
Yb(171)	170,936338	14,3
Yb(172)	171,936393	21,9
Yb(173)	172,938222	16,12
Yb(174)	173,938873	31,8
Hf(174)	173,940065	0,16
Lu(175)	174,940785	97,4
Hf(176)	175,94142	5,2

Symbol	Masse in *u*	Häufigkeit in %
Yb(176)	175,942576	12,7
Lu(176)	175,942694	2,6
Hf(177)	176,943233	18,6
Hf(178)	177,94371	27,1
Hf(179)	178,945827	13,74
Hf(180)	179,946561	35,2
W(180)	179,946727	0,13
Ta(180)	179,947489	0,012
Ta(181)	180,948014	99,99
W(182)	181,948225	26,3
W(183)	182,950245	14,3
W(184)	183,950953	30,67
Os(184)	183,952514	0,02
Re(185)	184,952977	37,4
Os(186)	185,953852	1,58
W(186)	185,954377	28,6
Os(187)	186,955762	1,6
Re(187)	186,955765	62,6
Os(188)	187,95585	13,3
Os(189)	188,958156	16,1
Os(190)	189,958455	26,4
Pt(190)	189,959937	0,01
Ir(191)	190,960603	37,3
Pt(192)	191,961049	0,79
Os(192)	191,961487	41,0
Ir(193)	192,962942	62,7
Pt(194)	193,962679	32,9
Pt(195)	194,964785	33,8
Pt(196)	195,964947	25,3
Hg(196)	195,965812	0,15
Au(197)	196,96656	100
Hg(198)	197,96676	10,1
Pt(198)	197,967879	7,2
Hg(199)	198,968269	17,0
Hg(200)	199,968316	23,1
Hg(201)	200,970293	13,2
Hg(202)	201,970632	29,65
Tl(203)	202,972336	29,52
Pb(204)	203,973037	1,4
Hg(204)	203,973481	6,8
Tl(205)	204,97441	70,48
Pb(206)	205,974455	24,1
Pb(207)	206,975885	22,1
Pb(208)	207,976641	52,4
Bi(209)	208,980388	100
Th(232)	232,038054	100
U(234)	234,040947	0,006
U(235)	235,043925	0,72
U(238)	238,050786	99,27

Exakte Atommassen und Häufigkeiten der Nuklide nach chemischen Symbolen alphabetisch sortiert

Symbol	Masse in *u*	Häufigkeit in %
Ag(107)	106,905095	51,84
Ag(109)	108,904754	48,16
Al(27)	26,981541	100
Ar(36)	35,967546	0,34
Ar(38)	37,962732	0,063
Ar(40)	39,962383	99,6
As(75)	74,921596	100
Au(197)	196,96656	100
B(10)	10,012938	19,8
B(11)	11,009305	80,2
Ba(130)	129,906277	0,11
Ba(132)	131,905042	0,1
Ba(134)	133,90449	2,42
Ba(135)	134,905668	6,59
Ba(136)	135,904556	7,85
Ba(137)	136,905816	11,23
Ba(138)	137,905236	71,7
Be(9)	9,012183	100
Bi(209)	208,980388	100
Br(79)	78,918336	50,69
Br(81)	80,91629	49,31
C(12)	12	98,9
C(13)	13,003355	1,1
Ca(40)	39,962591	96,95
Ca(42)	41,958622	0,65
Ca(43)	42,95877	0,14
Ca(44)	43,955485	2,086
Ca(46)	45,953689	0,004
Ca(48)	47,952532	0,19
Cd(106)	105,906461	1,25
Cd(108)	107,904186	0,89
Cd(110)	109,903007	12,49
Cd(111)	110,904182	12,8
Cd(112)	111,902761	24,13
Cd(113)	112,904401	12,22
Cd(114)	113,903361	28,73
Cd(116)	115,904758	7,49
Ce(136)	135,90714	0,19
Ce(138)	137,905996	0,25
Ce(140)	139,905442	88,48
Ce(142)	141,909249	11,08
Cl(35)	34,968853	75,77
Cl(37)	36,965903	24,23
Co(59)	58,933198	100
Cr(50)	49,946046	4,35
Cr(52)	51,94051	83,79
Cr(53)	52,940651	9,5
Cr(54)	53,938882	2,36
Cs(133)	132,905433	100
Cu(63)	62,929599	69,17
Cu(65)	64,927792	30,83
Dy(156)	155,924287	0,06
Dy(158)	157,924412	0,1
Dy(160)	159,925203	2,34
Dy(161)	160,926939	18,9
Dy(162)	161,926805	25,5
Dy(163)	162,928737	24,9
Dy(164)	163,929183	28,2
Er(162)	161,928787	0,14
Er(164)	163,929211	1,61
Er(166)	165,930305	33,6
Er(167)	166,932061	22,95
Er(168)	167,932383	26,8
Er(170)	169,935476	14,9
Eu(151)	150,91986	47,8
Eu(153)	152,921243	52,2
F(19)	18,998403	100
Fe(54)	53,939612	5,8
Fe(56)	55,934939	91,72
Fe(57)	56,935396	2,2
Fe(58)	57,933278	0,28
Ga(69)	68,925581	60,1
Ga(71)	70,924701	39,9
Gd(152)	151,919803	0,2
Gd(154)	153,920876	2,18
Gd(155)	154,822629	14,8
Gd(156)	155,92213	20,47
Gd(157)	156,923967	15,65
Gd(158)	157,924111	24,84
Gd(160)	159,927061	21,86
Ge(70)	69,92425	20,5
Ge(72)	71,92208	27,4
Ge(73)	72,923464	7,8
Ge(74)	73,921179	36,5
Ge(76)	75,921403	7,8
H(1)	1,007825	99,99
H(2)	2,014102	0,015
He(3)	3,016029	0,0001
He(4)	4,002603	99,9999
Hf(174)	173,940065	0,16
Hf(176)	175,94142	5,2
Hf(177)	176,943233	18,6
Hf(178)	177,94371	27,1
Hf(179)	178,945827	13,74
Hf(180)	179,946561	35,2
Hg(196)	195,965812	0,15
Hg(198)	197,96676	10,1
Hg(199)	198,968269	17,0
Hg(200)	199,968316	23,1
Hg(201)	200,970293	13,2
Hg(202)	201,970632	29,65
Hg(204)	203,973481	6,8
Ho(165)	164,930332	100
I(127)	126,904477	100
In(113)	112,904056	4,3
In(115)	114,903875	95,7
Ir(191)	190,960603	37,3
Ir(193)	192,962942	62,7
K(39)	38,963708	93,2
K(40)	39,963999	0,012
K(41)	40,961825	6,73
Kr(78)	77,920397	0,35
Kr(80)	79,916375	2,25
Kr(82)	81,913483	11,6
Kr(83)	82,914134	11,5
Kr(84)	83,911506	57,0
Kr(86)	85,910614	17,3
La(138)	137,907114	0,09
La(139)	138,906355	99,91
Li(6)	6,015123	7,42
Li(7)	7,016005	92,58
Lu(175)	174,940785	97,4
Lu(176)	175,942694	2,6
Mg(24)	23,985045	78,9
Mg(25)	24,985839	10,0
Mg(26)	25,982595	11,1
Mn(55)	54,938046	100
Mo(100)	99,907473	9,63
Mo(92)	91,906809	14,84
Mo(94)	93,905086	9,25
Mo(95)	94,905838	15,92
Mo(96)	95,904676	16,68
Mo(97)	96,906018	9,55
Mo(98)	97,905405	24,13
N(14)	14,003074	99,63
N(15)	15,000109	0,37
Na(23)	22,98977	100
Nb(93)	92,906378	100
Nd(142)	141,907731	27,13
Nd(143)	142,909823	12,18
Nd(144)	143,910096	23,8

Symbol	Masse in *u*	Häufigkeit in %
Nd(145)	144,912582	8,3
Nd(146)	145,913126	17,19
Nd(148)	147,916901	5,76
Nd(150)	149,9209	5,64
Ne(20)	19,992439	90,6
Ne(21)	20,993845	0,26
Ne(22)	21,991384	9,2
Ni(58)	57,935347	68,27
Ni(60)	59,930789	26,1
Ni(61)	60,931059	1,13
Ni(62)	61,928346	3,59
Ni(64)	63,927968	0,91
O(16)	15,994915	99,76
O(17)	16,999131	0,038
O(18)	17,999159	0,2
Os(184)	183,952514	0,02
Os(186)	185,953852	1,58
Os(187)	186,955762	1,6
Os(188)	187,95585	13,3
Os(189)	188,958156	16,1
Os(190)	189,958455	26,4
Os(192)	191,961487	41,0
P(31)	30,973763	100
Pb(204)	203,973037	1,4
Pb(206)	205,974455	24,1
Pb(207)	206,975885	22,1
Pb(208)	207,976641	52,4
Pd(102)	101,905609	1,02
Pd(104)	103,904026	11,14
Pd(105)	104,905075	22,33
Pd(106)	105,903475	27,33
Pd(108)	107,903894	26,46
Pd(110)	109,905169	11,72
Pr(141)	140,907657	100
Pt(190)	189,959937	0,01
Pt(192)	191,961049	0,79
Pt(194)	193,962679	32,9
Pt(195)	194,964785	33,8
Pt(196)	195,964947	25,3
Pt(198)	197,967879	7,2
Rb(85)	84,9118	72,17
Rb(87)	86,909184	27,84
Re(185)	184,952977	37,4
Re(187)	186,955765	62,6
Rh(103)	102,905503	100
Ru(96)	95,907596	5,52
Ru(98)	97,905287	1,88
Ru(99)	98,905937	12,7
Ru(100)	99,904218	12,6
Ru(101)	100,905581	17,0

Symbol	Masse in *u*	Häufigkeit in %
Ru(102)	101,904348	31,6
Ru(104)	103,905422	18,7
S(32)	31,972072	95,02
S(33)	32,971459	0,75
S(34)	33,967868	4,21
S(36)	35,967079	0,02
Sb(121)	120,903824	57,3
Sb(123)	122,904222	42,7
Sc(45)	44,955914	100
Se(74)	73,922477	0,9
Se(76)	75,919207	9,0
Se(77)	76,919908	7,6
Se(78)	77,917304	23,5
Se(80)	79,916521	49,6
Se(82)	81,916709	9,4
Si(28)	27,976928	92,23
Si(29)	28,976496	4,67
Si(30)	29,973772	3,1
Sm(144)	143,912009	3,1
Sm(147)	146,914907	15,0
Sm(148)	147,914832	11,3
Sm(149)	148,917193	13,8
Sm(150)	149,917285	7,4
Sm(152)	151,919741	26,7
Sm(154)	153,922218	22,7
Sn(112)	111,904826	0,97
Sn(114)	113,902784	0,65
Sn(115)	114,903348	0,36
Sn(116)	115,901744	14,7
Sn(117)	116,902954	7,7
Sn(118)	117,901607	24,3
Sn(119)	118,90331	8,6
Sn(120)	119,902199	32,4
Sn(122)	121,90344	4,6
Sn(124)	123,905271	5,6
Sr(84)	83,913428	0,56
Sr(86)	85,909273	9,86
Sr(87)	86,908902	7,0
Sr(88)	87,905625	82,58
Ta(180)	179,947489	0,012
Ta(181)	180,948014	99,99
Tb(159)	158,92535	100
Te(120)	119,904021	0,096
Te(122)	121,903055	2,6
Te(123)	122,904278	0,91
Te(124)	123,902825	4,82
Te(125)	124,904435	7,14
Te(126)	125,90331	18,95
Te(128)	127,904464	31,69
Te(130)	129,906229	33,8

Symbol	Masse in *u*	Häufigkeit in %
Th(232)	232,038054	100
Ti(46)	45,952633	8,0
Ti(47)	46,951765	7,3
Ti(48)	47,947947	73,8
Ti(49)	48,947871	5,5
Ti(50)	49,944786	5,4
Tl(203)	202,972336	29,52
Tl(205)	204,97441	70,48
Tm(169)	168,934225	100
U(234)	234,040947	0,006
U(235)	235,043925	0,72
U(238)	238,050786	99,27
V(50)	49,947161	0,25
V(51)	50,943963	99,75
W(180)	179,946727	0,13
W(182)	181,948225	26,3
W(183)	182,950245	14,3
W(184)	183,950953	30,67
W(186)	185,954377	28,6
Xe(124)	123,905894	0,1
Xe(126)	125,904281	0,09
Xe(128)	127,903531	1,91
Xe(129)	128,90478	26,4
Xe(130)	129,90351	4,1
Xe(131)	130,905076	21,2
Xe(132)	131,904148	26,9
Xe(134)	133,905395	10,4
Xe(136)	135,907219	8,9
Y(89)	88,905856	100
Yb(168)	167,933908	0,13
Yb(170)	169,934774	3,05
Yb(171)	170,936338	14,3
Yb(172)	171,936393	21,9
Yb(173)	172,938222	16,12
Yb(174)	173,938873	31,8
Yb(176)	175,942576	12,7
Zn(64)	63,929145	48,6
Zn(66)	65,926035	27,9
Zn(67)	66,927129	4,1
Zn(68)	67,924846	18,8
Zn(70)	69,925325	0,6
Zr(90)	89,904708	51,45
Zr(91)	90,905644	11,27
Zr(92)	91,905039	17,17
Zr(94)	93,906319	17,33
Zr(96)	95,908272	2,78

2 Größen und Einheiten

2.1 Größen und Größenzeichen, Einheiten und Einheitenzeichen

In der Spalte **Einheiten** steht die 1 für eine einheitenlose Größe.

Die in dieser Rubrik in Kästchen aufgeführten Nummern, z. B. [34], sind die laufenden Nummern der zugehörenden Formeln in den Tabellen auf den Seiten 17 bis 37.

Größe	Formelzeichen	Einheit	Bemerkungen, Wert, Formel
Abschirmkonstante	σ	1	[174]
Absorptionsgrad	α	1	Auch: spektraler Reinabsorptionsgrad
Aktivität Aktivitätskoeffizient	a f	1 1	 [114]
Aktivität eines Radionuklids	A	Bq	$1\ \text{Bq} = 1\ \text{s}^{-1}$
Äquivalentkonzentration	c_{eq}	$\text{mol} \cdot \text{L}^{-1}$	z. B. $c\left(\frac{1}{2}\text{H}_2\text{SO}_4\right)$ [80]
Äquivalentmasse, elektrochemische	m_{eq}	$\frac{M}{z}$	M: molare Masse z: Ladungszahl [45] [46]
Arbeit	W	Nm Ws	$1\ \text{Nm} = 1\ \text{J} = 1\ \text{Ws} = 1\ \text{kg} \cdot \text{m}^2 \cdot \text{s}^{-2}$ [9] … [11]
Ausbeute	A	1	[100]
Ausdehnungskoeffizient	ε, e	$\text{m} \cdot \text{m}^{-1}$, 1	Ausdehnung bei mech. Belastung
Ausdehnungskoeffizient Länge: Volumen:	 α_l α_V	 K^{-1} K^{-1}	Ausdehnung bei Wärme [17] [18]
Beleuchtungsstärke	E_v	lx (Lux)	$1\ \text{lx} = 1\ \text{lm} \cdot \text{m}^{-2}$ Lichtstrom, der auf eine Fläche trifft
Bestrahlungsstärke	E_e	$\text{W} \cdot \text{m}^{-2}$	[140]
Beschleunigung	a, g	$\text{m} \cdot \text{s}^{-2}$	g: Fallbeschleunigung
Bildungsenthalpie	$\Delta_f H$	J	s. 4.6, S. 41
Brechzahl (Brechungsindex)	n, n_D^{20}	1	20: $\vartheta = 20\ °\text{C}$ D: D-Linie des Emissionslichts von Na-Atomen, $\lambda = 589\ \text{nm}$ [146]
Brennwert, spezifischer molarer	 H_o $H_{o,m}$	 $\text{kJ} \cdot \text{kg}^{-1}$ $\text{kJ} \cdot \text{mol}^{-1}$	s. 13.5, S. 82
Dichte	ϱ	$\text{g} \cdot \text{mL}^{-1}$, $\text{g} \cdot \text{cm}^{-3}$	[5]
Dipolmoment, elektrisches	p, p_e	$\text{C} \cdot \text{m}$	

Größe	Formelzeichen	Einheit	Bemerkungen, Wert, Formel
Drehwinkel, optischer spezifischer	α $[\alpha]$	° (Grad) $° \cdot dm^{-1} \cdot g^{-1} \cdot mL$	*Biot*-Gesetz
Drehmoment	M	Nm	
Druck	p	Pa, bar	10^5 Pa = 1 bar 1 hPa = 1 mbar [7]
Durchmesser	d	m	
Elastizitätsmodul	E	$N \cdot m^{-2}$	
Elektrische Ladung	Q	C (Coulomb)	$1\,C = 1\,A \cdot s$
Elektrochemisches Einzelpotential	E	V	[136]
Energie, potentielle kinetische	W, W_p W_k	$N \cdot m$, J, $W \cdot s$	$1\,N \cdot m = 1\,J = 1\,W \cdot s$
Enthalpie	H	J	[30]
Entropie	S	$J \cdot K^{-1}$	[31]
Extinktion	A, E	1	[141]
Extinktionskoeffizient, molarer dekadischer spezifischer dekadischer	 ε ε'	 $L \cdot mol^{-1} \cdot cm^{-1}$ $L \cdot g^{-1} \cdot cm^{-1}$	ε_{max} bezieht sich auf die Wellenlänge maximaler Extinktion [144]
Feldstärke, elektrische magnetische	E H	$V \cdot m^{-1}$ $A \cdot m^{-1}$	[156]
Fläche	A	m^2	
Frequenz	f	Hz, s^{-1}	$1\,Hz = 1\,s^{-1}$ [137], [138]
Gaskonstante, molare	R	$J \cdot K^{-1} \cdot mol^{-1}$ $L \cdot bar \cdot K^{-1} \cdot mol^{-1}$	Auch: allgemeine Gaskonstante [54]
Geschwindigkeit	v	$m \cdot s^{-1}$, $km \cdot h^{-1}$	[1]
Gewichtskraft	F_G	N	
Gibbs-Energie	G	J	Auch: Freie Enthalpie [32]
Gleichgewichtskonstante	K	z. B. für K_c: $(mol \cdot L^{-1})^N$	Auch K_p [114]
Gyromagnetisches Verhältnis	γ	1	Bestimmt die Resonanzfrequenz eines Kerns innerhalb eines Magnetfelds [172], [173], [175]
Halbwertszeit	$T_{1/2}$	s	[205], [206], [208]
Impuls	p	$N \cdot s$	Eigendrehimpuls [171]
Innere Energie	U	$N \cdot m$, J	[26]
Ionenstärke	I_b	$mol \cdot kg^{-1}$	[135]
Kapazität, elektrische	C	F (Farad)	$1\,F = 1\,C \cdot V^{-1}$

Größe	Formelzeichen	Einheit	Bemerkungen, Wert, Formel
Kopplungskonstante	J	1	Aufspaltung eines Resonanzsignals durch benachbarte Kerne [179]
Kraft	F	N	$1\ \mathrm{N} = 1\ \mathrm{kg} \cdot \mathrm{m} \cdot \mathrm{s}^{-2}$ [6]
Ladungszahl	z	1	Verhältnis der elektrischen Ladung des Ions zur Elementarladung
Länge, Höhe, Weg	l, h, s, d	m	$1\ \mathrm{m} = 10^6\ \mu\mathrm{m} = 10^9\ \mathrm{nm}$
Leitwert, elektrischer	G	S	$1\ \mathrm{S} = 1/\Omega$ [128]
Leistung	P	$\mathrm{N} \cdot \mathrm{m} \cdot \mathrm{s}^{-1}$, W	$1\ \mathrm{N} \cdot \mathrm{m} \cdot \mathrm{s}^{-1} = 1\ \mathrm{W}$ [12] $1\ \mathrm{W} = 1\ \mathrm{J} \cdot \mathrm{s}^{-1}$ [47]
Lichtgeschwindigkeit	c	$\mathrm{km} \cdot \mathrm{s}^{-1}$	[138]
Lichtstärke	I	cd (Candela)	Lichtstrom, der in einem bestimmten Raumwinkel auftrifft
Lichtstrom	Φ_{v}	lm (Lumen)	Strahlung, die eine Lichtquelle in Form von sichtbarem Licht abgibt
Löslichkeit	L^*	$\mathrm{g} \cdot (100\ \mathrm{g}^{-1})$	[87]
Löslichkeitsprodukt	K_{L}	$(\mathrm{mol} \cdot \mathrm{L}^{-1})^N$	[119]
Magnetische Flussdichte	B	T (Tesla)	Stärke eines Magnetfelds [153], [154], [155], [173], [174]
Magnetisches Kerndipolmoment	μ	$\mathrm{J} \cdot \mathrm{T}^{-1}$	[172]
Magnetische Permeabilität	m	1	[170]
Magnetische Suszeptibilität	κ	1	Maß für die Magnetisierung eines Materials [170]
Masse	m	kg	$1000\ \mathrm{kg} = 1\ \mathrm{t}$ (Tonne)
Massenanteil	w	1, $\mathrm{g} \cdot \mathrm{g}^{-1}$	[77]
Massenkonzentration	β, γ	$\mathrm{g} \cdot \mathrm{L}^{-1}$	[78]
Molalität	b	$\mathrm{mol} \cdot \mathrm{kg}^{-1}$	[86]
Molare Äquivalentleitfähigkeit	Λ_{eq}	$\mathrm{S} \cdot \mathrm{m}^2 \cdot \mathrm{mol}^{-1}$	[131]
Molare Grenzleitfähigkeit von Äquivalenten	Λ^0_{eq}	$\mathrm{S} \cdot \mathrm{m}^2 \cdot \mathrm{mol}^{-1}$	[132]
Molare Grenzleitfähigkeit von Ionen	λ^0_+, λ^0_-	$\mathrm{S} \cdot \mathrm{m}^2 \cdot \mathrm{mol}^{-1}$	[132]
Molare Leitfähigkeit	Λ	$\mathrm{S} \cdot \mathrm{m}^2 \cdot \mathrm{mol}^{-1}$	[130]
Molare Masse	M	$\mathrm{g} \cdot \mathrm{mol}^{-1}$	[65]

Größe	Formelzeichen	Einheit	Bemerkungen, Wert, Formel
Molares Volumen	V_m	$L \cdot mol^{-1}$	94
*Nernst*scher Verteilungskoeffizient	K	1	127
Nettoretentionszeit	t'_R	s, min	186
Neutronenzahl	N, $N(n)$	1	
Nukleonenzahl	A	1	$A = Z + N$
Oberflächenspannung	σ, γ	$N \cdot m^{-1}$, $kg \cdot s^{-2}$	Auch: Grenzflächenspannung
Osmotischer Druck	Π	Pa, bar	56
Oxidationszahl	OZ, N_{OZ}, ROZ	1	Auch: Oxidationsstufe N_{OX} ROZ: Reduktions-Oxidations-Zahl
Partialdruck (Teildruck)	p	Pa, bar	57 … 59
Protonenzahl	Z, $N(p)$	1	Auch: Ordnungszahl
Querschnittsfläche	A	m^2	
Radius	r	m	
Reaktionsenthalpie	$\Delta_r H$	J	28
Reaktionsgeschwindigkeit	r	$mol \cdot L^{-1} \cdot s^{-1}$	204 … 206
Schmelzenthalpie, molare spezifische	 $\Delta H_{m,s}$ Δh_s	 J $J \cdot g^{-1}$	29
Schmelztemperatur, Gefriertemperatur	ϑ_m, T_m	°C, K	ϑ_m, T_m: melting temperature (engl.)
Schmelztemperaturerniedrigung	$\Delta\vartheta_m$, ΔT_m	°C, K	Auch: Gefriertemperaturerniedrigung 66, 67
Schmelztemperaturerniedrigung, molale	K_K, K_m	$K \cdot mol^{-1} \cdot kg$	66, 67 Auch: kryoskopische Konstante
Selektivität, Trennfaktor	α	1	190
Siedetemperatur	ϑ_b, T_b	°C, K	ϑ_b, T_b: boiling temperature (engl.)
Siedetemperaturerhöhung	$\Delta\vartheta_b$, ΔT_b	°C, K	68, 69
Siedetemperaturerhöhung, molale	K_E, K_b	$K \cdot g \cdot mol^{-1}$	68, 69 Auch: ebullioskopische Konstante
Spannung, mechanische elektrische	σ U, E	$N \cdot m^{-2}$ V	14 34
Standardpotential	E^0	V	Auch: Normalpotential 136
Stoffmenge	n	mol	93
Stoffmengenanteil	x	1	85

Größe	Formelzeichen	Einheit	Bemerkungen, Wert, Formel
Stoffmengenkonzentration	c	$mol \cdot L^{-1}$	[79]
Strahlungsleistung	Φ_e	W	[140]
Stromstärke	I	A	[34]
Teilchenanzahl	N	1	Von Atomen oder Molekülen
Temperatur, thermodynamische Celsius-Temperatur	 $T, \Delta T$ $\vartheta, \Delta\vartheta$	 K °C	 [15] [16]
Titer	t	1	[103]
Transmissionsgrad	τ	1	Auch: spektraler Reintransmissionsgrad [142]
Verdampfungsenthalpie, molare spezifische	 $\Delta H_{m,v}$ Δh_v	 J $J \cdot kg^{-1}$	[30]
Viskosität, dynamische kinematische	η ν	$Pa \cdot s = N \cdot s \cdot m^{-2}$ $m^2 \cdot s^{-1}$	[63] [64]
Volumen	V	m^3, L	$1\ dm^3 = 1\ L$, $1\ cm^3 = 1\ mL$
Volumenanteil	φ	1	[84]
Volumenausdehnungskoeffizient	α_V	K^{-1}	[18]
Volumenkonzentration	σ	1	[83]
Wärmemenge	Q	J	Veraltete Einheit Kalorie 1 cal = 4,1868 J [22]
Wärmekapazität, molare spezifische	C $C_{m,p}$ c	$J \cdot K^{-1}$ $J \cdot mol^{-1} \cdot K^{-1}$ $J \cdot g^{-1} \cdot K^{-1}$	 [20] [21]
Wellenlänge	λ	m	Veraltete Einheit Ångstrøm $1\ Å = 10^{-10}\ m = 0{,}1\ nm$ [138]
Wellenzahl	$\tilde{\nu}$	cm^{-1}	[139], [161]
Wiederfindungsrate, allgemeine	WFR	%	[231]
Widerstand, elektrischer spezifischer	R ϱ	Ω (Ohm) $\Omega \cdot mm^2 \cdot m^{-1} = \mu\Omega \cdot m$	[34] [35]
Winkel, ebener	α, β, γ	rad (Radiant) ° (Grad)	$360° = 2 \cdot \pi \cdot rad$ $1\ rad = 1\ m \cdot m^{-1}$
Wirkungsgrad	η	1, %	[13]
Zeit Periodendauer	t T	s s	60 s = 1 min, 60 min = 1 h, 24 h = 1 d
Zerfallskonstante	λ	s^{-1}, a^{-1}	[208]

2.2 Konstanten

Konstante		Gerundeter Betrag
Avogadro-Konstante	$N_A = 6{,}022\,140\,76 \cdot 10^{23}\ \text{mol}^{-1}$	$6{,}022 \cdot 10^{23}$
Volumenausdehnungskoeffizient der idealen Gase bei 0 °C	$\alpha_V = (1/273{,}15)\ \text{K}^{-1}$	1/273
Molares Volumen des idealen Gases	$V_{m,n} = 22{,}413\,99\ \text{L} \cdot \text{mol}^{-1}$	22,41
Molare Gaskonstante des idealen Gases	$R = 8{,}3144\ \text{J} \cdot \text{K}^{-1} \cdot \text{mol}^{-1}$	8,31
	$R = 0{,}083\,144\ \text{L} \cdot \text{bar} \cdot \text{K}^{-1} \cdot \text{mol}^{-1}$	0,0831
Elementarladung	$e = 1{,}602\,176\,634 \cdot 10^{-19}\ \text{C}$	$1{,}60 \cdot 10^{-19}$
Boltzmann-Konstante	$k_B = 1{,}380649 \cdot 10^{-23}\ \text{J} \cdot \text{K}^{-1}$	$1{,}381 \cdot 10^{-23}$
	$k_B = 8{,}617333 \cdot 10^{-5}\ \text{eV} \cdot \text{K}^{-1}$	$8{,}617 \cdot 10^{-5}$
Faraday-Konstante	$F = 96485{,}3399212\ \text{C} \cdot \text{mol}^{-1}$	96 500
Loschmidt-Konstante (Gase) (Teilchenanzahl N_A/Volumen $V_{m,n}$)	Für ideales Gas $N_L = 2{,}6868 \cdot 10^{25}\ \text{m}^{-3}$	$2{,}7 \cdot 10^{25}$
Norm-Fallbeschleunigung	$g = 9{,}80655\ \text{m} \cdot \text{s}^{-2}$	9,81
Normdruck	$p_n = 1013{,}25\ \text{hPa}$	1013
Normtemperatur	$T_n = 273{,}15\ \text{K}$	273
Lichtgeschwindigkeit im Vakuum	$c = 299\,792\,458\ \text{m} \cdot \text{s}^{-1}$	$3{,}00 \cdot 10^{8}$
Planck-Konstante	$h = 6{,}626\,070\,15 \cdot 10^{-34}\ \text{J} \cdot \text{s}$	$6{,}63 \cdot 10^{-34}$
Elektronenmasse (Ruhemasse)	$m_e = 9{,}1094 \cdot 10^{-31}\ \text{kg}$	$9{,}11 \cdot 10^{-31}$
Neutronenmasse (Ruhemasse)	$m_n = 1{,}6749 \cdot 10^{-27}\ \text{kg}$	$1{,}67 \cdot 10^{-27}$
Protonenmasse (Ruhemasse)	$m_p = 1{,}6726 \cdot 10^{-27}\ \text{kg}$	$1{,}67 \cdot 10^{-27}$
Vereinheitlichte Massenkonstante	$m_u = 1{,}660\,539 \cdot 10^{-27}\ \text{kg}$	$1{,}66 \cdot 10^{-27}$

2.3 Dezimale Vielfache und Teile von Einheiten

Dezimale Vielfache und Teile werden durch Vorsätze vor den Namen der Einheiten bzw. durch Vorsatzzeichen vor dem Einheitenzeichen angegeben.

Faktor	Vorsatz	Vorsatzzeichen
10^{1}	Deka	da
10^{2}	Hekto	h
10^{3}	Kilo	k
10^{6}	Mega	M
10^{9}	Giga	G
10^{12}	Tera	T
10^{15}	Peta	P
10^{18}	Exa	E
10^{21}	Zetta	Z
10^{24}	Yotta	Y

Faktor	Vorsatz	Vorsatzzeichen
10^{-1}	Dezi	d
10^{-2}	Zenti	c
10^{-3}	Milli	m
10^{-6}	Mikro	µ
10^{-9}	Nano	n
10^{-12}	Piko	p
10^{-15}	Femto	f
10^{-18}	Atto	a
10^{-21}	Zepto	z
10^{-24}	Yokto	y

3 Größengleichungen

	Größe, Gesetz	Größengleichung, Hinweise	Bemerkungen, Beispiele

3.1 Mechanik und Technik

1	Geschwindigkeit	$v = \frac{s}{t}$	Gilt für gleichförmige, geradlinige Bewegungen
2	Beschleunigung	$a = \frac{\Delta v}{\Delta t} = \frac{2s}{t^2}$	Gilt für gleichmäßig beschleunigte Bewegung
3	Freier Fall	$s = \frac{1}{2} g \cdot t^2$	s: zurückgelegter Weg v: Geschwindigkeit g: Norm-Fallbeschleunigung t: Zeit
4		$v = g \cdot t \qquad t = \sqrt{\frac{2s}{g}}$	
5	Dichte	$\varrho = \frac{m}{V}$	m: Masse V: Volumen
6	Kraft	$F = m \cdot a$	a: Beschleunigung
	Auftriebskraft beim Schwimmkörper	$F_A = m \cdot g$ $= V \cdot \varrho \cdot g$	m, V, ϱ der verdrängten Flüssigkeit, Gesetz von *Archimedes*
7	Druck	$p = \frac{F}{A}$	Einheit: Pa Luftdruck in hPa A: Fläche h: Höhe
8	Hydrostatischer Druck	$p = h \cdot \varrho \cdot g$	
9	Arbeit	$W = F \cdot s = P \cdot t$	P: Leistung Elektrische Arbeit s. 48
10	Hubarbeit	$W_p = m \cdot g \cdot h$	
11	Beschleunigungsarbeit	$W_k = \frac{1}{2} \cdot m \cdot v^2$	
12	Leistung	$P = \frac{W}{t} = \frac{F \cdot s}{t} = F \cdot v$	Elektrische Leistung s. 47
13	Wirkungsgrad	$\eta = \frac{W_{ab}}{W_{zu}}$	Angabe in % W_{ab}: Nutzarbeit W_{zu}: zugeführte Energie
14	Zugspannung	$\sigma = \frac{F}{s}$	Einheit: $N \cdot m^{-1}$

3.2 Kalorik, Thermodynamik

15	Thermodynamische Temperatur	$T = \left[\frac{\vartheta}{°C} + 273{,}15\right] K$	
16	Celsius-Temperatur	$\vartheta = \left[\frac{T}{K} - 273{,}15\right] °C$	
17	Lineare Ausdehung	$l_\vartheta = l_0 + l_0 \cdot \Delta\vartheta \cdot \alpha_l$ $= l_0(1 + \Delta\vartheta \cdot \alpha_l)$ $\Delta l = l_\vartheta - l_0 = l_0 \cdot \Delta\vartheta \cdot \alpha_l$	α_l: linearer Ausdehungs-koeffizient
18	Volumenausdehung	$V_\vartheta = V_0(1 + \Delta\vartheta \cdot \alpha_V)$ $\Delta V = V_\vartheta - V_0 = V_0 \cdot \Delta\vartheta \cdot \alpha_V$	α_V: Volumenausdehnungs-koeffizient

	Größe, Gesetz	Größengleichung, Hinweise	Bemerkungen, Beispiele
19	Beziehung zwischen α_l und α_V	$\alpha_V \approx 3\,\alpha_l$	
20	Molare Wärmekapazität	$C_{m,p} = \frac{\Delta Q}{n \cdot \Delta T}$ $C_{m,p} = c \cdot M$	M: molare Masse m: Masse n: Stoffmenge
21	Spezifische Wärmekapazität	$c = \frac{\Delta Q}{m \cdot \Delta T}$	
22	Wärmemenge	$\Delta Q = m \cdot c \cdot \Delta\vartheta$	ϑ: Temperatur in °C
23	Grundgesetz des Wärmeaustauschs	$Q_{ab} = Q_{zu}$	Q_{ab}: abgegebene Wärmemenge Q_{zu}: zugeführte (aufgenommene) Wärmemenge
24	Wärmemischungsgleichung	$m_1 \cdot c_1 \cdot (\vartheta_1 - \vartheta_M) = m_2 \cdot c_2\,(\vartheta_M - \vartheta_2)$	Index 1, 2: einzelne Stoffe bzw. Körper im Unterschied zur Mischung M ϑ_1, ϑ_2: Ausgangstemperaturen der Stoffe ϑ_M: Temperatur der Mischung m_1, m_2: Massen der Stoffe c_1, c_2: spezifische Wärmekapazitäten der Stoffe Voraussetzungen: keine Änderung des Aggregatzustands, keine Wärmeverluste
25	*Richmann*sche Mischungsregel	$\vartheta_M = \frac{c_1 \cdot m_1 \cdot \vartheta_1 + c_2 \cdot m_2 \cdot \vartheta_2}{c_1 \cdot m_1 + c_2 \cdot m_2}$	
26	Innere Energie, 1. Hauptsatz der Thermodynamik	Definition in der Physikalischen Chemie: $\Delta U = \Delta Q + \Delta W$ Definition in der Physik und Technik: $\Delta U = \Delta Q - \Delta W$	U: innere Energie Q: Wärmeenergie W: Arbeit
27	Enthalpie	$\Delta H = \Delta U + p \cdot \Delta V$	H: Enthalpie U: innere Energie p: Druck V: Volumen
28	Reaktionsenthalpie	$\Delta_r H = \Delta_r U + p \cdot \Delta V$	$\Delta_r U$: Reaktionsenergie
29	Schmelzenthalpie	$\Delta H_s = \Delta h_s \cdot m$	Δh_s: spez. Schmelzenthalpie
30	Verdampfungsenthalpie	$\Delta H_v = \Delta h_v \cdot m$	Δh_v: spez. Verdampfungsenthalpie
31	Entropie, 2. Hauptsatz der Thermodynamik	$\Delta S = \frac{\Delta Q_{rev}}{T}$ $S = k \cdot \ln\Omega$	S: Entropie Q_{rev}: Wärmeenergie in unendlich kleinen Schritten übertragen T: Temperatur k: *Boltzmann*-Konstante Ω: thermodynamische Wahrscheinlichkeit = reziproke mathematische Wahrscheinlichkeit

	Größe, Gesetz	Größengleichung, Hinweise	Bemerkungen, Beispiele
32	*Gibbs*-Energie, freie Enthalpie	$\Delta G = \Delta H - T \cdot \Delta S$	*H*: Enthalpie *T*: Temperatur *S*: Entropie
33	*Clausius-Clapeyron*-Gleichung	$\ln \frac{p_1}{p_2} = \frac{\Delta H_{m,v}}{R} \cdot \left(\frac{1}{T_2} - \frac{1}{T_1}\right)$	*p*: Dampfdruck $\Delta H_{m,v}$: molare Verdampfungsenthalpie *R*: molare Gaskonstante *T*: Temperatur

3.3 Elektrizitätslehre

34	*Ohm*sches Gesetz	$U = R \cdot I$	*U*: Spannung in V *R*: Widerstand in Ω, temperaturabhängig *I*: Stromstärke in A
35	Elektrischer Widerstand Spezifischer Widerstand	$R = \varrho \cdot \frac{l}{A}$ $\varrho = R \cdot \frac{A}{l}$	ϱ: spezifischer Widerstand in μΩ · m *l*: Länge des Leiters in m *A*: Querschnittsfläche des Leiters in mm^2
36	Thermische Widerstandsänderung	$R_T = R_0 \cdot (1 + \alpha \cdot \Delta T)$	R_T: Widerstand bei Messtemperatur R_0: Widerstand bei Ausgangstemperatur α: elektrischer Temperaturkoeffizient bei gegebener Ausgangstemperatur in K^{-1}
37 38	Reihenschaltung von Widerständen	$R = R_1 + R_2 + \ldots + R_n$ $U = U_1 + U_2 + \ldots + U_n$	Index 1, 2 … *n*: Einzelwerte, im Unterschied zum Gesamtwert
39 40	Parallelschaltung von Widerständen (*Kirchhoff*sche Gesetze)	$I = I_1 + I_2 + \ldots + I_n$ $\frac{1}{R} = \frac{1}{R_1} + \frac{1}{R_2} + \ldots + \frac{1}{R_n}$	
41		$R = \frac{R_1 \cdot R_2}{R_1 + R_2}$	Bei 2 Widerständen
42	Elektrizitätsmenge	$Q = I \cdot t$	Einheit Coulomb: 1 C = 1 A · s
43 44	Analytische Abscheidung (2. *Faraday*sches Gesetz)	$n(X) = \frac{Q}{z(X) \cdot F} = \frac{I \cdot t}{z(X) \cdot F}$ $m(X) = \frac{M(X)}{z(X) \cdot F} \cdot I \cdot t \cdot \eta$	X: abgeschiedener Stoff *z*(X): Ladungzahl des Ions *F*: *Faraday*-Konstante η: Stromausbeute in %
45 46	Elektrochemische Äquivalentmasse	$m_{eq}(X) = \frac{M(X)}{z(X) \cdot F}$ $m(X) = m_{eq}(X) \cdot I \cdot t \cdot h$	s. 5.3, S. 43
47	Elektrische Leistung	$P = U \cdot I = I^2 \cdot R = \frac{U^2}{R}$	Einheit W, bei Wechselspannung auch VA
48	Elektrische Arbeit	$W_{el} = P \cdot t$	Einheit, z. B. Ws, kWh

3.4 Gase

	Größe, Gesetz	Größengleichung, Hinweise	Bemerkungen, Beispiele
Wärmeenergie			
49	Isobare Form (Gesetz von *Gay-Lussac*)	$\frac{V_1}{V_2} = \frac{T_1}{T_2}$	Index 1, 2: Zustand 1, 2 p = konstant
50	Isochore Form (Gesetz von *Amontos*)	$\frac{p_1}{p_2} = \frac{T_1}{T_2}$	V = konstant
51	Isotherme Form (Gesetz v. *Boyle* und *Mariotte*)	$p_1 \cdot V_1 = p_2 \cdot V_2$	T = konstant
52	Allgemeine Form	$\frac{p_1 \cdot V_1}{T_1} = \frac{p_2 \cdot V_2}{T_2}$	Oder $p_1 \cdot V_1 \cdot T_2 = p_2 \cdot V_2 \cdot T_1$
53	Adiabate Form	$p \cdot V^{\kappa}$ = konstant	Ohne Wärme-zu- und -abfuhr: $\kappa = \frac{c_P}{c_V}$ 21
54	Allgemeines Gasgesetz	$p \cdot V = n \cdot R \cdot T$ Gilt nur bei niedrigem p	Allgemeine Gaskonstante $R = \frac{p_n \cdot V_{m,n}}{T_n}$ Index n: im Normzustand
55	*Van-der-Waals*-Gleichung (reale Gase)	$\left[p + a\left(\frac{n}{V}\right)^2\right] \cdot (V - n \cdot b) = n \cdot R \cdot T$	*Van-der-Waals*-Faktoren a und b s. 14.4, S. 88
56	Osmotischer Druck	$\Pi = c \cdot R \cdot T$	Gesetz von *van't Hoff*
Gasgemische			
57	Partialdruck in Gasgemischen (*Daltonsches* Gesetz)	$p_i = p(A) + p(B) + \ldots$	Index i: Summe der Komponenten des Gemischs
58	Verhältis der Partialdrücke	$\frac{p(A)}{p(B)} = \frac{\varphi(A)}{\varphi(B)} = \frac{n(A)}{n(B)}$	$V \sim \varphi \sim n$ φ: Volumenanteil 84
59	Druck- und Volumenanteil, Stoffmengenanteil	$\frac{p(A)}{p_i} = \frac{V(A)}{V_i} = x(A)$	Für ideale Gase
60	*Raoult*sches Gesetz	$p(X) = x(X) \cdot p^0(X)$	$p(X)$: Partialdampfdruck von X $x(X)$: Stoffmengenanteil des gelösten Stoffes X $p^0(X)$: Dampfdruck des reinen Stoffes X
61	Dampfdruckerniedrigung in verdünnten Lösungen	$\frac{\Delta p}{p^0} = \frac{p^0 - p}{p^0} = x(X)$	Δp: Dampfdruckerniedrigung p^0: Dampfdruck des reinen Lsm p: Dampfdruck der Lsg $x(X)$: Stoffmengenanteil des gelösten nichtflüchtigen Stoffs X
62	Massenverhältnis in der Dampfphase bei Wasserdampfdestillation	$\frac{m(A)}{m(B)} = \frac{p(A) \cdot M(A)}{p(B) \cdot M(B)}$	

3.5 Physikalisch-chemische/technische Gleichungen

	Größe, Gesetz	Größengleichung, Hinweise	Bemerkungen, Beispiele
Viskosität			
63	Viskosität, dynamische (Messverfahren nach *Höppler*)	$\eta = K(\varrho_K - \varrho_{Fl}) \cdot t$	η in Pa · s, ν in $m^2 \cdot s^{-1}$ K: Kugelkonstante ϱ_K: Dichte des Kugelmaterials ϱ_{Fl}: Dichte der Flüssigkeit t: Fallzeit der Kugel
64	Viskosität, kinematische	$\nu = \frac{\eta}{\varrho_{Fl}}$	
Molare Masse			
65	Molare Masse, abgeleitet aus Gasgesetzen	$M(X) = \frac{m(X) \cdot R \cdot T}{p \cdot V(X)}$	T: thermodynamische Temperatur in K
66	Schmelztemperaturerniedrigung	$\Delta\vartheta_m = K_K \cdot b(X)$	b: Molalität 86 K_K: molale Schmelztemperaturerniedrigung, kryoskopische Konstante K_E: molale Siedetemperaturerhöhung, ebullioskopische Konstante Zahlenwerte s. 14.3, S. 88
67		$M(X) = K_K \cdot \frac{m(X)}{\Delta\vartheta_m \cdot m(Lsm)}$	
68	Siedetemperaturerhöhung durch Dampfdruckerniedrigung	$\Delta\vartheta_b = K_E \cdot b(X)$	
69		$M(X) = K_E \cdot \frac{m(X)}{\Delta\vartheta_b \cdot m(Lsm)}$	
Strömungslehre			
70	Kontinuitätsgleichung	$v_1 \cdot A_1 = v_2 \cdot A_2$ oder $\frac{v_1}{v_2} = \frac{A_2}{A_1}$ $v \cdot A =$ konstant $=$ Volumenstrom $\dot{V}$ 76	A: Rohrquerschnittsfläche in m^2 v: Strömungsgeschwindigkeit des Mediums in $m \cdot s^{-1}$ Index 1, 2: an Stelle 1 bzw. 2
71	Staudruck (dynamischer Druck)	$p_{dyn} = \frac{\varrho \cdot v^2}{2}$	ϱ: Dichte des Mediums v: Strömungsgeschwindigkeit des Mediums
72	Strömungsgesetz von *Bernoulli*	$p_{ges} = p + p_{dyn} =$ konstant	Bei stationärer Strömung p_{ges}: Gesamtdruck p: Ruhedruck p_{dyn}: Staudruck
73		$p_1 + p_{dyn1} = p_2 + p_{dyn2}$	Index 1, 2: an Stelle 1 bzw. 2
74		$p_1 + \varrho \cdot g \cdot h_1 + p_{dyn1}$ $= p_2 + \varrho \cdot g \cdot h_2 + p_{dyn2}$	Bei Strömung mit Höhenunterschied ϱ: Dichte des Mediums g: Fallbeschleunigung h: Höhe Index 1,2: an Stelle 1 bzw. 2
75	Ausflussgesetz von *Torricelli*	$v = \sqrt{2g \cdot h}$	v: Strömungsgeschwindigkeit in $m \cdot s^{-1}$ g: Fallbeschleunigung h: Höhe der Flüssigkeitssäule in m $\dot{V}$: Volumenstrom in $m^3 \cdot s^{-1}$ V: ausfließendes Flüssigkeitsvolumen in m^3 t: Zeit in s A: Fläche der Ausflussöffnung in m^2
76	Volumenstrom, unter Druck stehend hydrostatisch	$\dot{V} = \frac{V}{t} = A \cdot v$ $\dot{V} = A \cdot \sqrt{2g \cdot h}$	

3.6 Lösungen

	Größe, Gesetz	Größengleichung, Hinweise	Bemerkungen, Beispiele
77	Massenanteil für Lösungen	$w(\mathrm{X}) = \dfrac{m(\mathrm{X})}{m(\mathrm{Lsg})}$ $w(\mathrm{X}) = \dfrac{m(\mathrm{X})}{m(\mathrm{X}) + m(\mathrm{Lsm})}$	Gilt allg. für Mischphasen, Einheit: $\mathrm{g} \cdot (100\ \mathrm{g})^{-1}$ X: gelöster Stoff Lsg: Lösung Lsm: Lösemittel
78	Massenkonzentration	$\beta(\mathrm{X}) = \dfrac{m(\mathrm{X})}{V(\mathrm{Lsg})}$	Einheit: $\mathrm{g} \cdot \mathrm{L}^{-1}$ $m(\mathrm{X})$: Masse von X
79	Stoffmengenkonzentration	$c(\mathrm{X}) = \dfrac{n(\mathrm{X})}{V(\mathrm{Lsg})}$	Einheit: $\mathrm{mol} \cdot \mathrm{L}^{-1}$ $n(\mathrm{X})$: Stoffmenge von X
80	Äquivalentkonzentration	$c\left(\dfrac{1}{z}\mathrm{X}\right) = \dfrac{n_{\mathrm{eq}}(\mathrm{X})}{V(\mathrm{Lsg})}$	$n_{\mathrm{eq}}(\mathrm{X})$: Äquivalentstoffmenge von X $z(\mathrm{X})$: Anzahl der Stoffmengenäquivalente von X
81	Beziehung zwischen Massenkonzentration und Stoffmengenkonzentration	$\beta(\mathrm{X}) = c(\mathrm{X}) \cdot M(\mathrm{X})$	$M(\mathrm{X})$: molare Masse von X
82	Beziehung zwischen Massenkonzentration und Massenanteil	$\beta(\mathrm{X}) = \varrho(\mathrm{Lsg}) \cdot w(\mathrm{X})$	$\varrho(\mathrm{Lsg})$: Dichte der Lösung
83	Volumenkonzentration	$\sigma(\mathrm{X}) = \dfrac{V(\mathrm{X})}{V(\mathrm{Lsg})}$	Einheit: $\mathrm{L} \cdot (100\ \mathrm{L})^{-1}$ $V(\mathrm{X})$: Volumen von X
84	Volumenanteil	$\varphi(\mathrm{X}) = \dfrac{V(\mathrm{X})}{V(\mathrm{X}) + V(\mathrm{Lsm})}$	$\sigma(\mathrm{X})$ unterscheidet sich im Betrag von $\varphi(\mathrm{X})$ bei Volumenkontraktion. Anwendung sinngemäß auch bei gasförmigen Mischphasen.
85	Stoffmengenanteil	$x(\mathrm{X}) = \dfrac{n(\mathrm{X})}{n(\mathrm{X}) + n(\mathrm{Lsm})}$	$n(\mathrm{X})$: Stoffmenge von X $n(\mathrm{Lsm})$: Stoffmenge des Lösemittels
86	Molalität	$b(\mathrm{X}) = \dfrac{n(\mathrm{X})}{m(\mathrm{Lsm})}$	Einheit: $\mathrm{mol} \cdot \mathrm{kg}^{-1}$ $m(\mathrm{Lsm})$: Masse des Lösemittels
87	Löslichkeit	$L^*(\mathrm{X}) = \dfrac{m_{\mathrm{max}}(\mathrm{X})}{m(\mathrm{Lsm})}$	$m_{\mathrm{max}}(\mathrm{X})$: maximal lösliche Masse des reinen Stoffes X
88	Mischungsgleichung	$n_1(\mathrm{X}) + n_2(\mathrm{X}) = n_{\mathrm{M}}(\mathrm{X})$ $m_1(\mathrm{X}) + m_2(\mathrm{X}) = m_{\mathrm{M}}(\mathrm{X})$	Index 1, 2: Mischungskomponenten 1 und 2 Index M: Mischung der Komponenten $n(\mathrm{X})$: Stoffmenge von X $m(\mathrm{X})$: Masse von X $w(\mathrm{X})$: Massenanteil von X $V(\mathrm{X})$: Volumen von X $c(\mathrm{X})$: Stoffmengenkonzentration von X
89	mit Massenanteil	$m_1 \cdot w_1(\mathrm{X}) + m_2 \cdot w_2(\mathrm{X}) = m_{\mathrm{M}} \cdot w_{\mathrm{M}}(\mathrm{X})$	
90	mit Stoffmengenkonzentration	$V_1 \cdot c_1(\mathrm{X}) + V_2 \cdot c_2(\mathrm{X}) = V_{\mathrm{M}} \cdot c_{\mathrm{M}}(\mathrm{X})$	
91	mit Massenverhältnis	$\dfrac{m_1}{m_2} = \dfrac{w_{\mathrm{M}} - w_2}{w_1 - w_{\mathrm{M}}}$	
92	Mischungskreuz Rechenhilfe	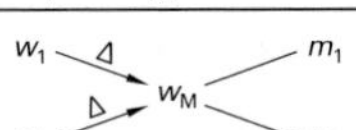	Die positiven Differenzen über den Pfeilen entsprechen m_1 bzw. m_2 w_{M}: gewünschter Massenanteil

3.7 Stöchiometrie

	Größe, Gesetz	Größengleichung, Hinweise	Bemerkungen, Beispiele
93	Stoffmenge	$n(X) = \frac{m(X)}{M(X)}$	Einheit: mol
94	Molares Volumen	$V_m(X) = \frac{V(X)}{n(X)}$	Einheit: $L \cdot mol^{-1}$
95	Massenanteil	$w(X) = \frac{m(X)}{m_{ges}}$ $w(X) \text{ in } \% = \frac{m(X)}{m_{ges}} \cdot 100\ \%$	m_{ges}: Gesamtmasse
96	Stoffmengenverhältnis	$r = \frac{n(X)}{n(Y)}$	z.B.: $N_2 + 3\ H_2 \rightarrow 2\ NH_3$ $r = \frac{n(N_2)}{n(H_2)} = \frac{1}{3}$ $r = \frac{n(N_2)}{n(NH_3)} = \frac{1}{2}$
97	Stöchiometrischer Faktor	$F(X) = \frac{r \cdot M(X)}{M(FE)}$	Auch analytischer Faktor bzw. gravimetrischer Faktor, s. 7, S. 50
98	Masse des Teilchens X in der Formeleinheit	$m(X) = r \cdot \frac{M(X)}{M(FE)} \cdot m(FE)$	FE: Formeleinheit, z.B. CH_4: $m(H) = \frac{4 \cdot M(H)}{M(CH_4)} \cdot m(CH_4)$
99	Stöchiometrisches Massenverhältnis	$\zeta(X) = \frac{m(X)}{m(Y)} = r \cdot \frac{M(X)}{M(Y)}$	z.B.: $Na_2O + H_2O \rightarrow 2\ NaOH$ $\frac{m(Na_2O)}{m(NaOH)} = \frac{M(Na_2O)}{2 \cdot M(NaOH)}$ $\frac{m(NaOH)}{m(Na_2O)} = \frac{2 \cdot M(NaOH)}{M(Na_2O)}$
100	Ausbeute	$A(X) = \frac{m_{exp}(X)}{m_{stöch}(X)} = \frac{n_{exp}(X)}{n_{stöch}(X)}$	m_{exp}: experimentell erhaltene Masse $m_{stöch}$: stöchiometrisch (maximal) erreichbare Masse

3.8 Gravimetrie

101	Analytischer Faktor (auch stöchiometrischer Faktor)	$F(X) = \frac{r \cdot M(X)}{M(\text{Wägeform})}$	X: zu bestimmender Stoff r: Anzahl von X im Teilchen der Wägeform, Stoffmengenverhältnis
102	Ergebnis einer gravimetrischen Analyse	$m(X) = m(\text{Auswaage}) \cdot F(X) \cdot F_A$	$F(X)$: analytischer Faktor F_A: Aliquotierfaktor

3.9 Volumetrie

	Größe, Gesetz	Größengleichung, Hinweise	Bemerkungen, Beispiele
103	Titer einer Maßlösung	$t = \frac{c_{ist}(MS)}{c_{soll}(MS)}$	MS: Maßsubstanz, gelöst in Maßlösung ML $c_{ist}(MS)$: Ist-Konzentration $c_{soll}(MS)$: Soll-Konzentration, auch $\tilde{c}$
104	Aliquotierfaktor	$F_A = \frac{V_{gesamt}}{V_{Aliquot}}$	$V_{Aliquot}$: Teilvolumen
105	Ergebnis einer Titration	$n_{VL}(X) = c(MS) \cdot V_{ÄP}(ML)$ $c(X) \cdot V_{VL}(X) = c(MS) \cdot V_{ÄP}(ML)$ $c(X) \cdot V_{VL}(X) = c_S(MS) \cdot t(ML) \cdot V_{ÄP}(ML)$ $m(X) = V(ML) \cdot t(ML) \cdot m_{eq}$	X: Analyt ÄP: Äquivalenzpunkt ML: Maßlösung m_{eq}: maßanalytische Äquivalentmasse, Masse des Analyten, die von 1 mL Maßlösung angezeigt wird Die entsprechenden Stoffmengenverhältnisse sind einzusetzen, z. B.: $H_2SO_4 + 2\,NaOH \rightarrow Na_2SO_4 + 2\,H_2O$ $\frac{n(H_2SO_4)}{n(NaOH)} = \frac{1}{2}$ $c(H_2SO_4) \cdot V_{VL}(H_2SO_4) = \frac{1}{2} \cdot c(NaOH) \cdot V_{ÄP}(NaOH)$
	Rücktitration		$n_0(MS)$: Ausgangsstoffmenge (vorgelegte Stoffmenge)
106	ohne Blindwertbestimmung	$n_0(MS) = n_X(MS) + n_R(MS)$	$n_X(MS)$: durch den Titrator bei der Rücktitration verbrauchte Stoffmenge
107	mit Blindwertbestimmung	$n_0(MS) = n_X(MS) + n_R(MS) + n_{BW}(MS)$	$n_R(MS)$: durch Rücktitration ermittelte Stoffmenge (Analyt)
108	bei der Blindwertbestimmung	$n_0(MS) = n_R(MS) + n_{BW}(MS)$	$n_{BW}(MS)$: für Blindwert verbrauchte Stoffmenge
Technische Kennzahlen aus volumetrischen Analysen			
109	Säurezahl SZ	$SZ = \frac{m(KOH)}{m(Probe)}$	Angabe in mg KOH pro g Fett
110	Verseifungszahl VZ	$VZ = \frac{m(KOH)}{m(Probe)}$	Angabe in mg KOH pro g Fett
111	Esterzahl EZ	$EZ = VZ - SZ$	
112	Hydroxylzahl OHZ	$OHZ = \frac{m(KOH)}{m(Probe)}$	Angabe in mg KOH pro g Fett
113	Iodzahl IZ	$IZ = \frac{m(Iod)}{m(Probe)}$	Angabe in g Iod pro 100 g Fett

3.10 Chemisches Gleichgewicht und pH-Wert

	Größe, Gesetz	Größengleichung, Hinweise	Bemerkungen, Beispiele
114	Massenwirkungsgesetz (MWG) und Gleichgewichtskonstante für die Gleichung $m\,A + n\,B \leftrightarrows r\,C + s\,D$	Gleichgewichtskonstante (kinetisch abgeleitet) $K_c = \frac{c^r(C) \cdot c^s(D)}{c^m(A) \cdot c^n(B)}$	$c(X)$: Stoffmengenkonzentration von X im Gleichgewicht in $mol \cdot L^{-1}$
		Gleichgewichtskonstante (thermodynamische) $K = e^{-\frac{\Delta G}{R \cdot T}}$ $K = \frac{a^r(C) \cdot a^s(D)}{a^m(A) \cdot a^n(B)}$ Zusammenhang der kinetisch abgeleiteten Gleichgewichtskonstante und der thermodynamischen Gleichgewichtskonstante: $K_c = K \cdot K_c^0$ $K_c^0 = \frac{(c^0)_C{}^r \cdot (c^0)_D{}^s}{(c^0)_A{}^m \cdot (c^0)_B{}^n}$	ΔG: *Gibbs*-Energie der Gleichgewichtsreaktion R: molare Gaskonstante in $J \cdot mol^{-1} \cdot K^{-1}$ T: thermodynamische Temperatur $c(X)$: Stoffmengenkonzentration von X in $mol \cdot L^{-1}$ $c^0(X)$: Standardkonzentration $1\ mol \cdot L^{-1}$ f: Aktivitätskoeffizient, ohne Einheit; in hinreichend verdünnten Lösungen ist $f = 1$ a: Aktivität, ohne Einheit $a = \frac{f \cdot c(X)}{c^0(X)}$
115	pH-Wert pOH-Wert	$pH = -\lg a(H_3O^+)$ $pOH = -\lg a(OH^-)$ Für wässrige Lösungen gilt: $pH + pOH = 14$ bei 25 °C	Bei stark verdünnten Lösungen mit Aktivitätskoeffizient f nahe 1 entspricht der Zahlenwert der Konzentration c der Aktivität a.
116	Säurekonstante für $HA + H_2O \leftrightarrows H_3O^+ + A^-$	$K_S = \frac{a(H_3O^+) \cdot a(A^-)}{a(HA)}$ $pK_S = -\lg \lvert K_S \rvert$	Die konstante Konzentration von Wasser ist in den Konstanten berücksichtigt. Für mehrwertige Systeme sind die Gleichungen im Sinne des MWG zu schreiben. 114
117	Basenkonstante für $B + H_2O \leftrightarrows BH^+ + OH^-$	$K_B = \frac{a(BH^+) \cdot a(OH^-)}{a(B)}$ $pK_B = -\lg \lvert K_B \rvert$	
118	Ionenprodukt des Wassers	$K_W = c(H_3O^+) \cdot c(OH^-)$ $K_W = 1{,}0 \cdot 10^{-14}\ mol^2 \cdot L^{-2}$ bei 25 °C	
119	Löslichkeitsprodukt für $AB_{fest} \leftrightarrows A^+_{gelöst} + B^-_{gelöst}$	$K_L = a(A^+) \cdot a(B^-)$ $pK_L = -\lg \lvert K_L \rvert$ $K_L = 10^{-pK_L}$	Für mehrwertige Systeme sind die Gleichungen im Sinne des MWG zu schreiben. 114
120	Dissoziationskonstante	$K_a = \frac{a(A^+) \cdot a(B^-)}{a(AB)}$	Reaktion $AB \leftrightarrows A^+ + B^-$
121	pH-Wert schwacher Säuren schwacher Basen	$a(H_3O^+) \approx \sqrt{K_S \cdot a_0(\text{Säure})}$ $pH \approx 0{,}5 \cdot [pK_S - \lg a_0(\text{Säure})]$ $a(OH^-) \approx \sqrt{K_B \cdot a_0(\text{Base})}$ $pH \approx 14 - 0{,}5 \cdot [pK_B - \lg a_0(\text{Base})]$	$a_0(X)$: Ausgangsaktivität von X, z. B.: Essigsäure z. B. Ammoniak

	Größe, Gesetz	Größengleichung, Hinweise	Bemerkungen, Beispiele
122	pH-Wert von Salzen aus schwachen Säuren und starken Basen	$a(OH^-) \approx \sqrt{\frac{K_W \cdot a_0(\text{Salz})}{K_S(\text{Säure})}}$ $pH \approx 14 - 0{,}5 \cdot [14 - \lg a_0(\text{Salz}) - pK_S(\text{Säure})]$	z. B.: Natriumacetat; K_S(Essigsäure)
	pH-Wert von Salzen aus schwachen Basen und starken Säuren	$a(H_3O^+) \approx \sqrt{\frac{K_W \cdot a_0(\text{Salz})}{K_B(\text{Base})}}$ $pH \approx 0{,}5 \cdot [14 - \lg a_0(\text{Salz}) - pK_B(\text{Base})]$	z. B.: Ammoniumchlorid; K_B(Ammoniak)
123	Puffer aus schwacher Säure und Salz aus schwacher Säure und starker Base	$a(H_3O^+) = \frac{K_S \cdot a(\text{Säure})}{a(\text{Salz})}$ $pH = pK_S + \lg \frac{a(\text{Salz})}{a(\text{Säure})}$	z. B. Essigsäure und Natriumacetat
124	Puffer aus schwacher Base und Salz aus schwacher Base und starker Säure	$a(OH^-) = \frac{K_B \cdot a(\text{Base})}{a(\text{Salz})}$ $pOH = pK_B + \lg \frac{a(\text{Salz})}{a(\text{Base})}$	z. B. Ammoniak und Ammoniumchlorid
125	*Ostwald*sches Verdünnungsgesetz	$K_c = \frac{\alpha^2 \cdot a_0(AB)}{1 - \alpha} \approx \alpha^2 \cdot a_0(AB)$	$AB \rightleftharpoons A^+ + B^-$ $\approx$ bei $\alpha < 1\,\%$
126	Dissoziationsgrad	$\alpha = \frac{a(A^+)}{a_0(AB)}$ $\quad \alpha = \frac{a(B^-)}{a_0(AB)}$	$a(X)$: Aktivität nach Dissoziation $a_0(X)$: Aktivität vor Dissoziation
127	*Nernst*scher Verteilungskoeffizient (*Nernst*scher Verteilungssatz)	$K = \frac{c_{Ex}(X)}{c_{Ra}(X)}$ $\quad pK = -\lg K$	Ex: Extrakt (aufnehmende Phase) Ra: Raffinat (abgebende Phase)

3.11 Elektrochemie

128	Leitwert	$G = \frac{1}{R}$	Einheit: S (Siemens) R: Widerstand
129	Elektrische Leitfähigkeit	$\kappa = \frac{1}{\varrho}$	Einheit: $S \cdot cm^{-1}$ ϱ: spezifischer Widerstand
130	Molare Leitfähigkeit	$\Lambda = \frac{\kappa}{c}$	Einheit: $S \cdot cm^2 \cdot mol^{-1}$ c: Konzentration der Einwaage
131	Molare Äquivalentleitfähigkeit	$\Lambda_{eq} = \frac{\kappa}{z \cdot c}$	z: elektrochemische Wertigkeit
132	Molare Grenzleitfähigkeit von Äquivalenten (*Kohlrausch*-Gesetz)	$\Lambda_{eq}^0(E) = \lambda_+^0\left(\frac{1}{z}Me^{z+}\right) + \lambda_-^0\left(\frac{1}{z}X^{z-}\right)$	E: Elektrolyt λ_+^0, λ_-^0: molare Grenzleitfähigkeit von Ionen Me^{z+}: Kation X^{z-}: Anion s. 9.3, S. 56

	Größe, Gesetz	Größengleichung, Hinweise	Bemerkungen, Beispiele
133	Molare Leitfähigkeit und Konzentration (Quadratwurzelgesetz nach *F. Kohlrausch*)	$\Lambda_{eq} = \Lambda_{eq}^0 - A\sqrt{c(E)}$	A: Konstante, die von der Wertigkeit des Elektrolyten abhängt $c(E)$: Elektrolytkonzentration
134	Beziehung zwischen Dissoziationsgrad und molarer Leitfähigkeit	$\alpha = \frac{\Lambda_{eq}}{\Lambda_{eq}^0}$	α: Dissoziationsgrad eines schwachen Elektrolyten Λ_{eq}^0: molare Leitfähigkeit eines Äquivalents bei unendlicher Verdünnung Λ_{eq}: molare Leitfähigkeit eines Äquivalents bei bestimmter Stoffmengenkonzentration
135	Ionenstärke	$I_b = \frac{1}{2}\sum b(X) \cdot z^2(X)$	$b(X)$: Molalität der Ionensorte X $z(X)$: Ladungszahl des Ions
136	Elektrochemisches Einzelpotential bei Standardbedingungen	$E = E^0 + \frac{R \cdot T}{z \cdot F} \cdot \ln a(X)$ $E = E^0 + \frac{0{,}059\,V}{z} \cdot \lg a(X)$	E^0: Standardpotential R: Gaskonstante T: thermodynamische Temperatur z: Ladungszahl des Ions F: *Faraday*-Konstante $a(X)$: Aktivität des Ions X Ox: oxidierte Form Red: reduzierte Form
	*Nernst*sche Gleichung	$E = E^0 + \frac{0{,}059\,V}{z} \cdot \lg \frac{a(Ox)}{a(Red)}$	

3.12 Spektroskopie und Spektrometrie

137	*Planck*sches Strahlungsgesetz	$E = h \cdot f$	E: Lichtenergie f: Frequenz h: *Planck*-Konstante
138	Wellenlänge und Frequenz	$c = \lambda \cdot f$	c: Lichtgeschwindigkeit λ: Wellenlänge
139	Wellenlänge und Wellenzahl	$\lambda = \frac{1}{\tilde{\nu}}$	$\tilde{\nu}$: Wellenzahl, sprich „nü Tilde"
140	Strahlungsleistung Bestrahlungsstärke	Φ_e $E_e = \frac{\Phi_e}{A}$	Φ_e: Strahlungsleistung in W; auch Intensität A: Fläche in m^2
141	Extinktion (Absorbance)	$A = \lg\frac{\Phi_0}{\Phi} = \lg\frac{I_0}{I} = -\lg\tau$ Auch Formelzeichen E	Φ_0: Intensität der einfallenden Strahlung; auch I_0 Φ: Intensität der austretenden Strahlung; auch I
142	Transmissionsgrad Transmission	$\tau = \frac{\Phi}{\Phi_0} = \frac{I}{I_0}$ $T = \frac{\Phi}{\Phi_0} \cdot 100\,\% = \frac{I}{I_0} \cdot 100\,\%$	

	Größe, Gesetz	Größengleichung, Hinweise	Bemerkungen, Beispiele
143	Absorptionsgrad Absorption	$\alpha = \frac{\Phi_0 - \Phi}{\Phi_0}$ $\alpha \text{ in } \% = \frac{\Phi_0 - \Phi}{\Phi_0} \cdot 100\,\%$	$\tau + \alpha = 1$ $\tau \text{ in } \% + \alpha \text{ in } \% = 100\,\%$
144	*Bouguer-Lambert-Beer*-Gesetz	$A = \varepsilon \cdot c(\mathrm{X}) \cdot d$ $A = \varepsilon' \cdot \beta(\mathrm{X}) \cdot d$ abgeleitet aus $\Phi = \Phi_0 \cdot e^{-\kappa \cdot c(\mathrm{X}) \cdot d}$ Ersatz von κ durch ε beinhaltet die Umrechnung vom Logarithmus zur Basis *e* zum Logarithmus zur Basis 10.	ε: molarer dekadischer Extinktionskoeffizient in $\mathrm{L \cdot mol^{-1} \cdot cm^{-1}}$ ε': spezifischer dekadischer Extinktionskoeffizient in $\mathrm{L \cdot g^{-1} \cdot cm^{-1}}$ *d*: Schichtdicke der Küvette in cm κ: Extinktionskoeffizient
145	Spektrales Auflösungsvermögen	$R = \frac{\lambda}{\Delta\lambda}$	λ: Wellenlänge $\Delta\lambda$: Wellenlängendifferenz zum nächsten beobachteten Maximum
146	Refraktometrie, Brechungsgesetz (von *Snellius*)	$\frac{\sin \alpha_1}{\sin \alpha_2} = \frac{c_1}{c_2} = \frac{n_2}{n_1}$	1, 2: Medien 1 und 2 *c*: Lichtgeschwindigkeit im jeweiligen Medium *n*: Brechzahlen des jeweiligen Mediums
147	Drehwinkel	$\alpha = [\alpha] \cdot \beta(\mathrm{X}) \cdot d$	α: Drehwinkel $[\alpha]$: spezifischer Drehwinkel $\beta(\mathrm{X})$: Massenkonzentration *d*: Küvettenschichtdicke

3.13 Massenspektrometrie

148	Energie von Ionen nach Beschleunigung im elektrischen Feld	$E_{\mathrm{el}} = E_{\mathrm{kin}} = e \cdot z \cdot U$	*e*: Elementarladung *z*: Ladungszahl *U*: Spannung
149	Kinetische Energie von Ionen	$E_{\mathrm{kin}} = \frac{1}{2} \cdot m \cdot v^2$	*m*: Masse *v*: Geschwindigkeit
150	Geschwindigkeit von Ionen nach Beschleunigung im elektrischen Feld	$v = \sqrt{\frac{2 \cdot e \cdot z \cdot U}{m}}$	Gilt für ein vor der Beschleunigung ruhendes Ion
151	Flugzeit eines Ions	$t = \frac{s}{\sqrt{\frac{2 \cdot e \cdot z \cdot U}{m}}}$ $t = \frac{s}{\sqrt{2 \cdot e \cdot U}} \cdot \sqrt{\frac{m}{z}}$	*s*: Flugstrecke des Ions *e*: Elementarladung *z*: Ladungszahl *m*: Masse *U*: Spannung

	Größe, Gesetz	Größengleichung, Hinweise	Bemerkungen, Beispiele
152	m/z-Berechnung in Flugzeit-Massenanalysatoren	$\frac{m}{z} = \frac{2 \cdot e \cdot U \cdot t^2}{s^2}$	e: Elementarladung U: Beschleunigungsspannung t: Flugzeit s: Flugstrecke
153	*Lorentz*-Kraft auf Ionen im Magnetfeld	$F_L = z \cdot e \cdot v \cdot B \cdot \sin(\alpha)$ Für $\alpha = 90°$ gilt: $F_L = z \cdot e \cdot v \cdot B$	B: magn. Flussdichte v: Geschwindigkeit des Ions α: Winkel des fliegenden Ions relativ zum Magnetfeld B F_L: Kraft, die auf ein im Winkel α zum Magnetfeld B fliegendes Ion wirkt
154	Flugbahnradius eines Ions im Magnetsektorfeld	$r = \frac{m \cdot v}{z \cdot e \cdot B}$	
155	m/z-Berechnung in Sektorfeld-Massenanalysatoren	$\frac{m}{z} = \frac{r \cdot e \cdot B}{v}$ $\frac{m}{z} = \frac{r^2 \cdot e \cdot B^2}{2 \cdot U}$	r: Radius der Flugbahn im Magnetsektorfeld B: magn. Fussdichte v: Geschwindigkeit des Ions
156	Flugbahnradius eines Ions im elektrostatischen Sektorfeld	$r = \frac{m \cdot v^2}{e \cdot z \cdot E}$ $r = \frac{2 \cdot U}{E}$	r: Radius der Flugbahn im elektrostatischen Sektorfeld E: elektrische Feldstärke U: Beschleunigungsspannung
157	Auflösungsvermögen eines Massenanalysators 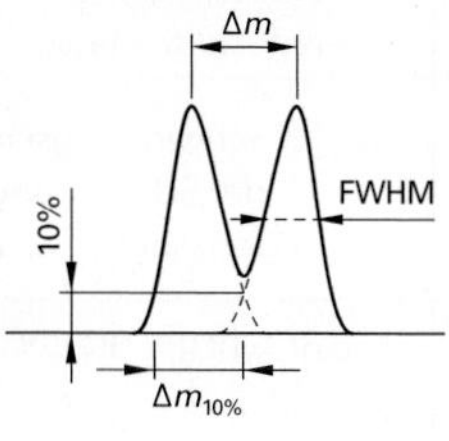 	$R = \frac{m}{\Delta m}$ $R = \frac{m}{\Delta m} = \frac{m}{m_2 - m_1}$ $R_{10\,\%} = \frac{m}{\Delta m_{10\,\%}}$ $R_{FWHM} = \frac{m}{FWHM}$ $R_{FWHM} \approx R_{10\,\%} \cdot 1{,}8$	m: mittlere Masse zweier Ionen bei $z = 1$ Δm: Abstand der Peakspitzen m_1: Masse des leichteren Ions m_2: Masse des schwereren Ions $\Delta m_{10\,\%}$: Breite des massenspektrometrischen Peaks in 10 % seiner Höhe $FWHM$: full width at half maximum (Breite des massenspektrometrischen Peaks in 50 % seiner Höhe) Umrechnung der Varianten der Massenauflösung
158	Massendefekt in der Massenspektrometrie	$m_{defekt} = m_{nominell} - m_{exakt}$	$m_{nominell}$: ganzzahlige nominelle Masse m_{exakt}: exakte Masse
159	Absolute Massengenauigkeit	$\Delta m = m_{experimentell} - m_{exakt}$	$m_{experimentell}$: experimentell bestimmte Masse m_{exakt}: exakte Masse Einheit von Δm: u
160	Relative Massengenauigkeit	$\frac{\Delta m}{m_{exakt}} = \frac{m_{experimentell} - m_{exakt}}{m_{exakt}} \cdot 10^6$	Pseudoeinheit von Δm: ppm. Je kleiner der Wert ist, umso größer ist die Massengenauigkeit.

3.14 Infrarot-Spektroskopie

	Größe, Gesetz	Größengleichung, Hinweise	Bemerkungen, Beispiele
161	Wellenzahl	$\tilde{\nu} = \frac{1}{\lambda}$	$\tilde{\nu}$: Wellenzahl in cm^{-1} λ: Wellenlänge in cm
162	Energie infraroter Strahlung	$E = h \cdot c \cdot \tilde{\nu}$	h: *Planck*-Konstante c: Lichtgeschwindigkeit
163	*Wien*sches Verschiebungsgesetz zur Ermittlung des Strahlungsmaximums glühender Körper	$\lambda_{max} = 2897{,}8\ \mu m \cdot \frac{1}{T}$ $\tilde{\nu}_{max} = \frac{T}{0{,}28978\ cm}$	λ_{max}: Wellenlänge des Intensitätsmaximums in µm $\tilde{\nu}_{max}$: Wellenzahl des Intensitätsmaximums in cm^{-1} T: thermodynamische Temperatur
164	Reduzierte Masse	$\mu = \frac{m_1 \cdot m_2}{m_1 + m_2}$ $\frac{1}{\mu} = \frac{1}{m_1} + \frac{1}{m_2}$	Index 1, 2: Atome der Elemente 1 bzw. 2 m: Masse der schwingenden Atome
165	Schwingungsfrequenz des harmonischen Oszillators	$f_{osc} = \frac{1}{2\pi}\sqrt{\frac{k}{\mu}}$	k: Kraftkonstante (Maß für die Bindungsstärke) μ: reduzierte Masse
166	Potentielle Energie des harmonischen Oszillators	$E_{pot} = \frac{1}{2}k \cdot x^2$ $E_{pot} = 2\pi^2 \cdot \mu \cdot f_{osc}^2 \cdot x^2$	x: Auslenkung k: Kraftkonstante μ: reduzierte Masse f_{osc}: Schwingungsfrequenz
167	Schwingungsenergie des harmonischen Oszillators	$E_\nu = h \cdot f_{osc} \cdot \left(\nu + \frac{1}{2}\right)$ $E_\nu = \frac{h}{2\pi} \cdot \sqrt{\frac{k}{\mu}} \cdot \left(\nu + \frac{1}{2}\right)$	f_{osc}: Schwingungsfrequenz ν: Schwingungsquantenzahl $\nu = 0, 1, 2 \ldots$, auch v k: Kraftkonstante μ: reduzierte Masse
168	Energie der Schwingungsanregung	$\Delta E_{vib} = E_{\nu+1} - E_\nu$ bei $\Delta\nu = 1$: $\Delta E_{vib} = \frac{h}{2\pi} \cdot \sqrt{\frac{k}{\mu}}$	$E_\nu, E_{\nu+1}$: Schwingungsenergie der Schwingungsquantenzahl ν bzw. $\nu + 1$
169	Freiheitsgrade von Atomen Schwingungsfreiheitsgrade von Molekülen	$f = 3 \cdot N$ Lineares Molekül: $f_{vib} = 3 \cdot N - 5$ Nichtlineares Molekül: $f_{vib} = 3 \cdot N - 6$	N: Anzahl der Atome im Molekül

3.15 NMR-Spektroskopie

170	Magnetische Permeabilität	$m = 1 + \kappa$	κ: magnetische Suszeptibilität
171	Eigendrehimpuls (Kernspin)	$p = \frac{h}{2\pi} \cdot \sqrt{I \cdot (I + 1)}$	I: Kernspin-Quantenzahl $I = 0, 1/2, 1, 3/2$ usw.

	Größe, Gesetz	Größengleichung, Hinweise	Bemerkungen, Beispiele
172	Magnetisches Kerndipolmoment	$\mu = \gamma \cdot p$	γ: gyromagnetisches Verhältnis
173	Aufspaltung der Energieniveaus für $I = ½$ im Magnetfeld (*Zeeman*-Effekt)	$\Delta E = \frac{h}{2\pi} \cdot \gamma \cdot B_0$ $\Delta E = h \cdot f$ $f = \frac{1}{2\pi} \cdot \lvert\gamma\rvert \cdot B_0$	B_0: Stärke des äußeren Magnetfelds f: Resonanzfrequenz (*Larmor*-Frequenz) $\lvert\gamma\rvert$: Betrag des gyromagnetischen Verhältnisses
174	Effektiv am Kern wirkendes Magnetfeld	$B_{eff} = B_0 - \sigma \cdot B_0$	B_0: Stärke des äußeren Magnetfelds σ: Abschirmungskonstante
175	Resonanzfrequenz unter Berücksichtigung der Abschirmung	$f = \frac{1}{2\pi} \cdot \lvert\gamma\rvert \cdot B_0 \cdot (1 - \sigma)$	
176	Chemische Verschiebung	$\delta(X) = \frac{\Delta f}{f_{Mess}} \cdot 10^6$	Δf: Verschiebung der Resonanzfrequenz eines ^1H- oder ^{13}C-Kerns X eines Moleküls relativ zur Resonanzfrequenz der ^1H- oder ^{13}C-Kerne von Tetramethylsilan f_{Mess}: Messfrequenz des NMR-Geräts Einheit von $\delta(X)$: ppm
177	Besetzungsunterschied, *Boltzmann*-Verteilung	$\frac{N_{(m=-½)}}{N_{(m=+½)}} = e^{-\frac{\Delta E}{k \cdot T}}$	k: *Boltzmann*-Konstante T: thermodyn. Temperatur m: Magnetquantenzahl $N_{(m=-½)}$: Anzahl der Kerne im angeregten Zustand $N_{(m=+½)}$: Anzahl der Kerne im Grundzustand
178	Multiplizitätsregel für koppelnde Kerne bei Spektren 1. Ordnung	Multiplizität(A) $= 2 \cdot I(B) \cdot n(B) + 1$ Multiplizität(B) $= 2 \cdot I(A) \cdot n(A) + 1$ Für ^1H, ^{13}C und ^{19}F gilt $I = ½$ und damit: Multiplizität(A) $= n(B) + 1$ Multiplizität(B) $= n(A) + 1$	n: Anzahl der koppelnden Nachbarkerne I: Kernspinquantenzahl der koppelnden Nachbarkerne Multiplizität: Aufspaltung der Bande des Kerns (s. *Pascal*sches Dreieck, S. 73)
179	Kopplungskonstante	$J = \Delta\delta \cdot \frac{f_{Mess}}{10^6}$	$\Delta\delta$: Linienabstand innerhalb eines Multipletts in ppm f_{Mess}: Messfrequenz, z. B. 300 MHz Einheit von J: Hz
180	Kriterium für Spektren 1. Ordnung bei ^1H-NMR	$Q = \frac{\lvert f(A) - f(B)\rvert}{J_{AB}}$ $Q > 10$: Spektrum 1. Ordnung $Q < 10$: Spektrum höherer Ordnung	A, B: Protonensorte f: Resonanzfrequenz J_{AB}: Kopplungskonstante der Protonen A und B

3.16 Chromatografie

	Größe, Gesetz	Größengleichung, Hinweise	Bemerkungen, Beispiele
181	DC-Trennung	$R_f = \frac{s(\text{Analyt})}{s(\text{Laufmittel})}$ $R_{St} = \frac{s(\text{Analyt})}{s(\text{Standard})} = \frac{R_f(\text{Analyt})}{R_f(\text{Standard})}$	R_f: relativ zur Front, Retentionsfaktor R_{St}: relativ zum Standard, relativer Retentionsfaktor s(Analyt): Laufstrecke Analyt s(Laufmittel): Laufstrecke Laufmittel s(Standard): Laufstrecke Standard
182	Chromatografische Verteilungskonstante	$K = \frac{c_s(X)}{c_m(X)}$ oder $K_b = \frac{b_s(X)}{b_m(X)}$	$c_s(X)$: Analytkonzentration in der stationären Phase $c_m(X)$: Analytkonzentration in der mobilen Phase $b_s(X)$: Analytbeladung in der stationären Phase $b_m(X)$: Analytbeladung in der mobilen Phase
183	Phasenverhältnis (Kapillarchromatografie)	$\beta = \frac{d_c}{4 \cdot d_f}$	d_c: Innendurchmesser der Säule d_f: Schichtdicke der stationären Phase
184	Gesamtretentionszeit (Bruttoretentionszeit)	t_R	Zeit von der Injektion bis zum Peak-Maximum
185	Durchflussvolumen (veraltet: Totvolumen V)	$V_M = F \cdot t_M$	F: Volumenstrom (engl. Flux) t_M: Durchflusszeit, Durchlaufzeit einer nicht retardierten Substanz
186	Nettoretentionszeit, reduzierte Retentionszeit	$t'_R = t_R - t_M$	Zeit des Analyten in der stationären Phase
187	Retentionsfaktor	$k = \frac{K}{\beta} = \frac{c_s(X) \cdot V_s}{c_m(X) \cdot V_m} = \frac{m_s(X)}{m_m(X)}$ $= \frac{t_R - t_M}{t_M} = \frac{t'_R}{t_M}$	V_s: Volumen der stationären Phase V_m: Volumen der mobilen Phase $m_s(X)$: Masse Analyt in der stationären Phase $m_m(X)$: Masse Analyt in der mobilen Phase
188	Retentionsvolumen	$V_R = t_R \cdot F$	F: Volumenstrom der mobilen Phase
189	Reduziertes Retentionsvolumen	$V'_R = V_R - V_M$	V_R: Gesamtretentionsvolumen V_M: Durchflussvolumen
190	Selektivität, Trennfaktor	$a = \frac{k(B)}{k(A)} = \frac{V'_R(B)}{V'_R(A)} = \frac{t'_R(B)}{t'_R(A)}$	
191	Basispeakbreite	$w_b = 4 \cdot \sigma$	σ: Standardabweichung eines symmetrischen Peaks mit *Gauß*-Verteilung
192	Peakbreite auf halber Höhe	$w_h = 2{,}3548 \cdot \sigma$	

	Größe, Gesetz	Größengleichung, Hinweise	Bemerkungen, Beispiele
193	Trennleistung, Bodenzahl	$N = \left(\frac{t_R}{\sigma}\right)^2 = 16 \cdot \left(\frac{t_R}{w_b}\right)^2 = 5{,}54 \cdot \left(\frac{t_R}{w_h}\right)^2$	
194	Bodenhöhe	$H = \frac{L}{N}$	L: Länge der Trennsäule Statt H wird auch der veraltete Ausdruck *HETP* (Height Equivalent to a Theoretical Plate) verwendet.
195	*Van-Deemter*-Gleichung	$H = A + \frac{B}{u} + C \cdot u$	A: *Eddie*-Diffusionsterm B: Longitudinal-Diffusionsterm C: Stoff- bzw. Massen-Austauschterm u: mittlere Lineargeschwindigkeit der mobilen Phase
196	Peakauflösung 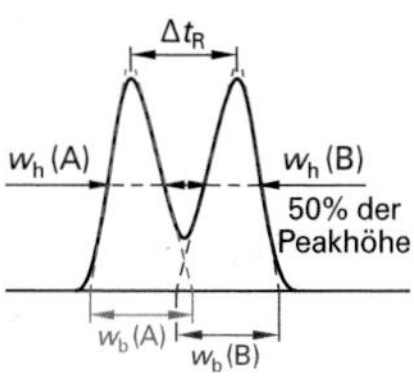 	$R_S = \frac{2 \cdot [t_R(B) - t_R(A)]}{w_b(A) + w_b(B)} = \frac{2 \cdot \Delta t_R}{w_b(A) + w_b(B)}$ $R_S = \frac{1{,}18 \cdot [t_R(B) - t_R(A)]}{w_h(A) + w_h(B)} = \frac{1{,}18 \cdot \Delta t_R}{w_h(A) + w_h(B)}$ $R_S = \frac{1}{4}\sqrt{N} \cdot \frac{\alpha - 1}{\alpha} \cdot \frac{k}{k + 1}$	$R_S > 1{,}5$ entspricht Basislinientrennung
197	Tailingfaktor	$T = \frac{b}{a}$ $T > 1$: Tailing $T < 1$: Fronting	a: Abstand von der linken Peakflanke in 10 % der Peakhöhe bis zum durch die Peakspitze gefällten Lot b: Abstand von der rechten Peakflanke in 10 % der Peakhöhe bis zum durch die Peakspitze gefällten Lot
198	Trennleistung von HPLC-Trennsäulen	$N \sim \frac{L_{c1}}{d_{p1}} = \frac{L_{c2}}{d_{p2}}$	Index 1,2: jeweilige Säule L_c: Länge der jeweiligen Säule d_p: Partikeldurchmesser der jeweiligen Säule
199	Rückdruck in Trennsäulen	$\Delta p \sim \frac{F \cdot \eta \cdot L_c}{d_p^2 \cdot d_c^2}$	F: Fluss η: Viskosität der mobilen Phase d_c: Innendurchmesser der Säule
200	Responsefaktor zur Quantifizierung	$RF(X) = f(X) = \frac{A(X)}{m(X)}$ $m(X) = \frac{A(X)}{RF(X)}$	$RF(X)$: Responsefaktor des Analyten $A(X)$: Peakfläche des Analyten $m(X)$: Masse des Analyten
201	Methodenfaktor zur Quantifizierung mit internem Standard	$MF(X) = \frac{A(St) \cdot m(X)}{A(X) \cdot m(St)}$ $m(X) = \frac{MF(X) \cdot m(St) \cdot A(X)}{A(St)}$	$MF(X)$: Methodenfaktor des Analyten $A(St)$: Peakfläche des internen Standards $m(St)$: Masse des internen Standards

	Größe, Gesetz	Größengleichung, Hinweise	Bemerkungen, Beispiele
202	Polaritätsindex nach *Snyder* für Elutionsmittel	$P' = \lg K''_{\text{Ethanol}} + \lg K''_{\text{Dioxan}} + \lg K''_{\text{Nitromethan}}$	K'': Verteilungskoeffizient; wird gaschromatografisch ermittelt aus dem Retentionsverhalten des Elutionsmittels im Vergleich zu Modellsubstanzen
	für Elutionsmittelgemisch	$P'_{1,2} = \varphi_1 \cdot P'_1 + \varphi_2 \cdot P'_2$	Bei Gradientenelution in der Flüssigchromatografie Index 1,2: Lösemittel φ: Volumenanteil des Lösemittels P': Polaritätsindex des Lösemittels
203	Peakkapazität einer Trennsäule	$P = 1 + \frac{t}{w_b}$	P: maximale Anzahl an getrennten Peaks t: Dauer des Chromatogramms w_b: durchschnittliche Basispeakbreite

3.17 Reaktionskinetik

204	Reaktionsgeschwindigkeit	$r = \frac{\Delta c(\text{P})}{\Delta t}$ $r = -\frac{\Delta c(\text{E})}{\Delta t}$	P: Produkt E: Edukt
205	Reaktion erster Ordnung	$r = k \cdot c(\text{E})$	k: Geschwindigkeitskonstante
	Reaktionsgeschwindigkeit und Konzentration	$\lg c(\text{E}) = \lg c_0(\text{E}) - \frac{k \cdot t}{2{,}3}$	$c(\text{E})$: Eduktkonzentration zur Zeit t
	Halbwertszeit	$T_{1/2} = \frac{0{,}693}{k}$	$c_0(\text{E})$: Ausgangskonzentration Edukt
206	Reaktion zweiter Ordnung	$r = k \cdot c^2(\text{E})$	
	Reaktionsgeschwindigkeit und Konzentration	$\frac{1}{c(\text{E})} = k \cdot t + \frac{1}{c_0(\text{E})}$	
	Halbwertszeit	$T_{1/2} = \frac{1}{c_0(\text{E}) \cdot k}$	
207	Geschwindigkeitskonstante und Temperatur, *Arrhenius*-Gleichung	$k = A \cdot e^{-\frac{E_a}{R \cdot T}}$ $\lg k = \lg A - \frac{E_a}{R \cdot T \cdot 2{,}3}$	E_a: Aktivierungsenergie R: Gaskonstante T: thermodynamische Temperatur A: präexponentieller Faktor
208	Radioaktiver Zerfall Reaktion erster Ordnung	$\lg A = \lg A_0 - \frac{\lambda \cdot t}{2{,}3}$	A: Strahlungsaktivität zur Zeit t
	Halbwertszeit	$T_{1/2} = \frac{0{,}693}{\lambda}$	A_0: Ausgangsstrahlenaktivität λ: Zerfallskonstante
	Mittlere Lebensdauer	$\tau = \frac{1}{\lambda}$	τ in s

3.18 Statistische Beurteilung von Messwerten

	Größe, Gesetz	Größengleichung, Hinweise	Bemerkungen, Beispiele
209	Mittelwert der Grundgesamtheit	$\mu = \frac{1}{n}\sum_{i=1}^{n} x_i = \frac{x_1 + x_2 + \cdots + x_i}{n}$	
210	Mittelwert einer Messreihe	$\bar{x} = \frac{1}{n}\sum_{i=1}^{n} x_i = \frac{x_1 + x_2 + \cdots + x_i}{n}$ 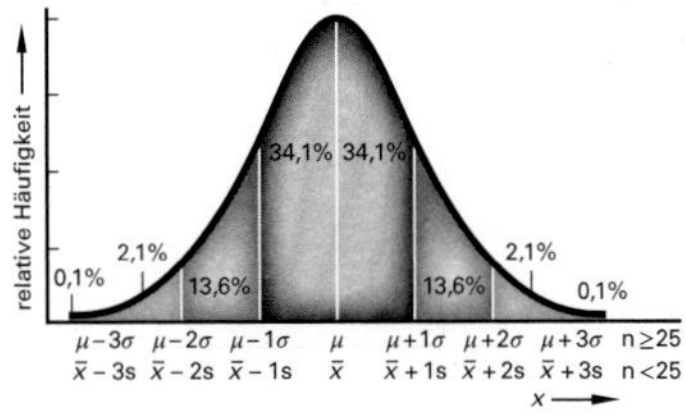 *Gauß*sche Normalverteilung von Messwerten	μ: Mittelwert der Messwerte bei $n \geq 25$ $\bar{x}$: Mittelwert der Messwerte bei $n < 25$ $x_1, x_2 \ldots x_i$: einzelne Messwerte n: Anzahl der Messwerte x_i: i-ter Messwert
211	Spannweite	$R_n = x_{max} - x_{min}$	x_{max}: größter Messwert x_{min}: kleinster Messwert
212	Standardabweichung der Grundgesamtheit	$\sigma = \sqrt{\frac{1}{n}\sum_{i=1}^{n}(\mu - x_i)^2}$	σ: Standardabweichung bei $n \geq 25$ n: Anzahl der Messwerte μ: Mittelwert bei $n \geq 25$ $\bar{x}$: Mittelwert bei $n < 25$ x_i: i-ter Messwert s: Schätzer der Standardabweichung $n < 25$
213	Schätzer der Standardabweichung einer Messreihe	$s = \sqrt{\frac{1}{n-1}\sum_{i=1}^{n}(\bar{x} - x_i)^2}$ $s = \sqrt{\frac{(\bar{x} - x_1)^2 + (\bar{x} - x_2)^2 + \cdots + (\bar{x} - x_i)^2}{n - 1}}$	
214	Variationskoeffizient, relative Standardabweichung	Dezimal: $V_k = \frac{s}{\bar{x}}$ Prozentual: $V_k = \frac{s}{\bar{x}} \cdot 100\,\%$	s: Schätzer der Standardabweichung $\bar{x}$: Mittelwert bei $n < 25$
215	Varianz der Stichprobe	$s^2 = \frac{1}{n-1}\sum_{i=1}^{n}(\bar{x} - x_i)^2$ $s^2 = \frac{(\bar{x} - x_1)^2 + (\bar{x} - x_2)^2 + \cdots + (\bar{x} - x_i)^2}{n - 1}$	n: Anzahl der Messwerte $\bar{x}$: Mittelwert bei $n < 25$ x_i: i-ter Messwert
216	Gesamtvarianz einer mehrschrittigen Methode	$s_{ges}^2 = \sum_{i=1}^{n} s_{Schritt\,i}^2$ $s_{ges}^2 = s_{Schritt\,1}^2 + s_{Schritt\,2}^2 + s_{Schritt\,3}^2 + \cdots$	$s_{Schritt\,i}^2$: Varianz des i-ten Methodenschritts (z. B. 1: Probennahme, 2: Probenvorbereitung, 3: Messung …)
217	Statistische Messunsicherheit	$u_{stat} = \frac{t \cdot s}{\sqrt{n}}$	t: Student-Faktor (*t*-Tabelle s. S. 37) s: Schätzer der Standardabweichung n: Anzahl der Messwerte

	Größe, Gesetz	Größengleichung, Hinweise	Bemerkungen, Beispiele
218	Unsicherheit des Referenzmaterials	$u_{ref} = \frac{U_{ref}}{2}$	U_{ref}: erweiterte Unsicherheit des Referenzmaterials mit Erweiterungsfaktor $k = 2$ für 95 % Vertrauensgrad
219	Kombinierte Messunsicherheit	$u_{komb} = \sqrt{\sum_{i=1}^{n} u_i^2} = \sqrt{u_1^2 + u_2^2 + \cdots + u_i^2}$	u_i: *i*-te Unsicherheit durch Messverfahren, Analysengerät, Referenzmaterial usw.
220	Erweiterte kombinierte Messunsicherheit, Präzision	$U = k \cdot u_{komb}$	u_{komb}: kombinierte Messunsicherheit k: Erweiterungsfaktor $k = 2$ für 95 % und $k = 3$ für 99 % Vertrauensgrad
221	Relative Präzision eines Messverfahrens	$U_{rel} = \frac{U}{\bar{x}} \cdot 100\,\%$	U: erweiterte Messunsicherheit $\bar{x}$: Mittelwert der Analyse
222	Angabe von Analysenergebnissen	$\bar{x} \pm U$	Angegeben werden müssen neben der erweiterten Messunsicherheit U auch der gewählte Erweiterungsfaktor (meist $k = 2$) und der Vertrauensgrad P, die Wahrscheinlichkeit, dass der wahre Wert innerhalb des Ergebnisbereichs $\bar{x} \pm U$ liegt (meist 95 %).
223	Nachweisgrenze	$\beta_{NG} = \beta_{Blindwert} + 3 \cdot s_{Blindwert}$	$\beta_{Blindwert}$: Mittelwert des Messwerts bei Abwesenheit des Analyten $s_{Blindwert}$: Standardabweichung des Blindwerts
224	Bestimmungsgrenze	$\beta_{BG} = \beta_{Blindwert} + 9 \cdot s_{Blindwert}$ $\beta_{BG} \approx 3 \cdot \beta_{NG}$	
225	Gleichung einer linearen Kalibrierfunktion	$y_i = m \cdot x_i + b$	m: Steilheit der Kalibrierfunktion (Maß für die Empfindlichkeit) b: Schnittpunkt mit der y-Achse x_i: Konzentration oder Masse des Analyten im *i*-ten Standard $\bar{x}$: Mittelwert der Konzentrationen der Standards y_i: Signalwert des *i*-ten Standards $\bar{y}$: Mittelwert der Signalwerte der Standards $R = 1$: idealer linearer Zusammenhang zwischen Konzentration und Signalwert
226	Steigung	$m = \frac{\sum_{i=1}^{n} (x_i - \bar{x}) \cdot (y_i - \bar{y})}{\sum_{i=1}^{n} (x_i - \bar{x})^2}$	
227	Achsenabschnitt	$b = \bar{y} - m \cdot \bar{x}$	
228	Korrelationskoeffizient linearer Funktionen	$r = \frac{\sum_{i=1}^{n} (x_i - \bar{x}) \cdot (y_i - \bar{y})}{\sqrt{\sum_{i=1}^{n} (x_i - \bar{x})^2 \cdot \sum_{i=1}^{n} (y_i - \bar{y})^2}}$	
229	Bestimmtheitsmaß	$R = r^2$	

	Größe, Gesetz	Größengleichung, Hinweise	Bemerkungen, Beispiele
230	Absolute und relative Richtigkeit eines Messverfahrens (Bias)	$R = \lvert\bar{x} - x_{wahr}\rvert$ $R_{rel} = \frac{\lvert\bar{x} - x_{wahr}\rvert}{x_{wahr}}$	$\bar{x}$: Mittelwert der Analysenergebnisse x_{wahr}: als richtig angenommener Wert
231	Allgemeine Wiederfindungsrate *WFR*	$WFR = \frac{x_{ist}}{x_{soll}} \cdot 100\,\%$	x_{ist}: gemessener Wert für Konzentration, Masse oder Massenanteil des Analyten x_{soll}: erwarteter Wert für Konzentration, Masse oder Massenanteil des Analyten
232	Wiederfindungsrate *WFR* durch Aufstockung	$WFR = \frac{\beta_{nach\,Aufst} - \beta_{vor\,Aufst}}{\beta_{Aufst}} \cdot 100\,\%$	$\beta_{vor\,Aufst}$: Massenkonzentration vor der definierten Erhöhung der Konzentration um β_{Aufst} $\beta_{nach\,Aufst}$: Massenkonzentration nach definierter Erhöhung der Konzentration um β_{Aufst}
233	Wiederfindungsrate *WFR* nach Verdünnung	$WFR = \frac{\beta_{nach\,Verdünnung} \cdot F}{\beta_{vor\,Verdünnung}} \cdot 100\,\%$ $F = \frac{V_{nach\,Verdünnung}}{V_{vor\,Verdünnung}} = \frac{\beta(X)_{vor\,Verdünnung}}{\beta(X)_{nach\,Verdünnung}}$	F: Verdünnungsfaktor
234	Ausreißertest nach *Henning*	$Q = \lvert x_1 - \bar{x}\rvert$ x_1 ist ein Ausreißer, wenn $Q \geq 3 \cdot s$	Q: Differenz zwischen dem ausreißerverdächtigen Wert x_1 und dem Mittelwert $\bar{x}$ s: Standardabweichung Wichtig: $\bar{x}$ und s werden ohne den zu prüfenden Wert x_1 berechnet.
235	Ausreißertest nach *Grubbs* (empfohlen für $n > 6$)	$Q = \frac{\lvert x_1 - \bar{x}\rvert}{s}$ x_1 ist ein Ausreißer, wenn Q größer ist als der Wert in der *Grubbs*-Tabelle (s. u.).	Q: Prüfgröße x_1: ausreißerverdächtiger Wert $\bar{x}$: Mittelwert aller Messwerte s: Standardabweichung aller Messwerte

***Grubbs*-Tabelle**

$n =$	3	4	5	6	7	8	9	10	11
$P = 90\,\%$	1,148	1,425	1,602	1,729	1,828	1,909	1,977	2,036	2,088
$P = 95\,\%$	1,153	1,463	1,672	1,822	1,938	2,032	2,110	2,176	2,234
$P = 99\,\%$	1,155	1,492	1,749	1,944	2,097	2,221	2,323	2,410	2,485

P: Wahrscheinlichkeit, dass der zu prüfende Wert x_1 ein Ausreißer ist.

***t*-Tabelle (Student-Faktoren)**

$n =$	2	3	4	5	6	7	8	9	10	11
$P = 95\,\%$	12,706	4,303	3,182	2,776	2,571	2,447	2,365	2,306	2,262	2,228
$P = 99\,\%$	63,657	9,925	5,841	4,604	4,032	3,707	3,499	3,355	3,250	3,169
$P = 99{,}9\,\%$	636,619	31,598	12,924	8,610	6,869	5,959	5,408	5,041	4,781	4,587

P: Vertrauensgrad, gibt die Wahrscheinlichkeit an, dass der wahre Wert innerhalb der mit dem Student-Faktor (*t*-Wert) berechneten Grenzen liegt.

4 Wärmelehre

4.1 Wärmeausdehungskoeffizienten

α_l: **linearer Ausdehnungskoeffizient** in K^{-1}
α_V: **Volumenausdehnungskoeffizient** in K^{-1}, früher Formelzeichen γ

$$\alpha_V \approx 3\,\alpha_l$$

Wärmeausdehnungskoeffizienten sind temperaturabhängig. Anstelle der Angabe eines Ausdehnungskoeffizienten bei einer bestimmten Temperatur wird oft ein mittlerer Wärmeausdehnungskoeffizient ($\overline{\alpha}_l$, $\overline{\alpha}_V$) in einem bestimmten Temperaturbereich tabelliert.

ϑ: **Temperatur** in °C

Gase: $\alpha_V \approx \frac{1}{273}\,K^{-1}$ bei $\vartheta = 0\,°C$, p = konst.

Metalle: 4.3, S. 40

Werkstoffe von Laborgeräten

Werkstoff	α_l in K^{-1}	ϑ in °C
Gläser Ar-Glas®	$9{,}0 \cdot 10^{-6}$	20 … 300
Duran®	$3{,}25 \cdot 10^{-6}$	20 … 300
Fiolax®	$4{,}9 \cdot 10^{-6}$	20 … 300
Thermometerglas Schott-Normalglas®	$8{,}7 \cdot 10^{-6}$	20 … 300
Supremax® [1])	$4{,}1 \cdot 10^{-6}$	20 … 300
Quarzglas	$0{,}5 \cdot 10^{-6}$	20 … 200
Porzellan	$3{,}77 \cdot 10^{-6}$	20 … 100
Laborporzellan	$5{,}92 \cdot 10^{-6}$	20 …1200

[1]) hochschmelzend

Wässrige Lösungen

Gelöster Stoff	α_V in K^{-1}		ϑ = 20 … 100 °C
HCl	**w = 10 %** $32 \cdot 10^{-5}$	**w = 20 %** $45 \cdot 10^{-5}$	**w = 36 %** $70 \cdot 10^{-5}$
H_2SO_4	**w = 10 %** $39 \cdot 10^{-5}$	**w = 40 %** $75 \cdot 10^{-5}$	**w = 90 %** $108 \cdot 10^{-5}$ **w = 96 %** $102 \cdot 10^{-5}$
HNO_3	**w = 10 %** $31 \cdot 10^{-5}$	**w = 30 %** $69 \cdot 10^{-5}$	**w = 68 %** $136 \cdot 10^{-5}$
NaOH	**w = 10 %** $43 \cdot 10^{-5}$	**w = 20 %** $53 \cdot 10^{-5}$	**w = 36 %** $60 \cdot 10^{-5}$

Organische Lösemittel

Lösemittel	α_V in K^{-1}
Aceton	$1{,}43 \cdot 10^{-3}$
Acetonitril	$1{,}397 \cdot 10^{-3}$
Anilin	$9{,}6 \cdot 10^{-4}$
Benzol	$1{,}229 \cdot 10^{-3}$
Butan-1-ol	$1{,}10 \cdot 10^{-3}$
Butanon	$1{,}35 \cdot 10^{-3}$
Chlorbenzol	$1{,}06 \cdot 10^{-3}$
Chloroform	$1{,}28 \cdot 10^{-3}$
Cyclohexan	$1{,}23 \cdot 10^{-3}$
Cylopentan	$1{,}41 \cdot 10^{-3}$
n-Decan	$1{,}015 \cdot 10^{-3}$
1,2-Dichlorbenzol	$9{,}7 \cdot 10^{-4}$
Diethylether	$1{,}617 \cdot 10^{-3}$

Lösemittel	α_V in K^{-1}
1,2-Dimethylbenzol	$9{,}7 \cdot 10^{-4}$
1,3-Dimethylbenzol	$1{,}00 \cdot 10^{-3}$
Dimethylformamid	$1{,}02 \cdot 10^{-3}$
Diisopropylether	$1{,}29 \cdot 10^{-3}$
1,4-Dioxan	$1{,}094 \cdot 10^{-3}$
Ethanol	$1{,}12 \cdot 10^{-3}$
Ethylacetat	$1{,}25 \cdot 10^{-3}$
Glycerin	$4{,}9 \cdot 10^{-4}$
n-Heptan	$1{,}09 \cdot 10^{-3}$
n-Hexan	$1{,}35 \cdot 10^{-3}$
Methanol	$1{,}19 \cdot 10^{-3}$

Lösemittel	α_V in K^{-1}
Methylenchlorid	$1{,}48 \cdot 10^{-3}$
Nitrobenzol	$8{,}4 \cdot 10^{-4}$
n-Octan	$1{,}124 \cdot 10^{-3}$
n-Pentan	$1{,}59 \cdot 10^{-3}$
n-Pentan-1-ol	$1{,}05 \cdot 10^{-3}$
Propan-1-ol	$9{,}9 \cdot 10^{-4}$
Propan-2-ol	$1{,}06 \cdot 10^{-3}$
Pyridin	$1{,}122 \cdot 10^{-3}$
Tetrachlorkohlenstoff	$1{,}22 \cdot 10^{-3}$
Tetrahydrofuran	$1{,}32 \cdot 10^{-3}$
Toluol	$1{,}12 \cdot 10^{-3}$

4.2 Kalorische Daten von Gasen

c: **spezifische Wärmekapazität** in $J \cdot g^{-1} \cdot K^{-1}$
p = konst. = 1013,25 hPa, (meist) $\vartheta = 0$ °C

ϑ_m: **Schmelztemperatur** in °C
ϑ_b: **Siedetemperatur** in °C
(für ϑ_m und ϑ_b: p = 1013,25 hPa)

ϑ_c: **kritische Temperatur** in °C

p_c: **kritischer Druck** in bar (1 bar = $1 \cdot 10^3$ hPa)

ϱ: **Dichte** im Normzustand in $g \cdot L^{-1}$

$V_{m,n}$: **molares Volumen** im Normzustand in $L \cdot mol^{-1}$

Stoff	Formel	c in $J \cdot g^{-1} \cdot K^{-1}$	ϑ_m in °C	ϑ_b in °C	ϑ_c in °C	p_c in bar	ϱ in $g \cdot L^{-1}$	$V_{m,n}$ in $L \cdot mol^{-1}$
Ammoniak	NH_3	2,056	−77,7	−33,4	132,4	113,8	0,7714	22,078
Argon	Ar	0,607	−189,4	−185,8	−122,4	48,6	1,7839	22,395
Buta-1,3-dien	C_4H_6	2,244	−108,9	4,75	152	43,3	2,4787	21,823
Butan	C_4H_{10}	1,432	−135	−0,5	152,0	38,0	2,7032	21,275
Chlor	Cl_2	0,473	−101,0	−34,7	144	77,1	3,214	22,064
Ethan	C_2H_6	1,645	−172	−88,5	32,1	48,8	1,3562	22,166
Chlorethan	C_2H_5Cl	1,671	−136,4	12,3	189	52,4	0,903	21,67
Ethen (Ethylen)	C_2H_4	1,474	−170	−103,9	9,5	50,7	1,2604	22,258
Ethin (Acetylen)	C_2H_2	1,629		−84,03[1]	35,5	62,4	1,1747	22,166
Fluor	F_2	0,829	−219,6	−188,2	−129	55,7	1,696	22,406
Helium	He	5,192	−269,7	−268,9	−268,0	2,3	0,1758	22,430
Kohlenmonoxid	CO	1,038	−205,1	−191,6	−140,2	35,0	1,2500	22,408
Kohlendioxid	CO_2	0,833		−78,5[1]	31,0	73,8	1,9769	22,263
Krypton	Kr	0,247	−157,3	−152	−63,8	54,9	3,74	22,382
Methan	CH_4	2,173	−184	−164	−82,5	46,4	0,7168	22,381
Chlormethan	CH_3Cl	0,741	−97,4	−23,7	143	66,7	2,3075	22,077
Methanal (Formaldehyd)	CH_2O	1,160	−92	−21	−81		1,39	22,37
Methylamin	CH_3NH_2	3,282	−92,5	−6,5	156,9	74,6	1,396	22,249
Methylpropan (Isobutan)	C_4H_{10}	0,549	−145	−10,2	135	36,5	2,6467	21,961
Neon	Ne	1,030	−248,6	−246,0	−228,8	27,3	0,8999	22,426
Ozon	O_3	3,01	−192,5	−111,5	−5	93,5	2,144	22,388
Propan	C_3H_8	1,511	−189,9	−44,5	96,8	42,6	2,0196	21,943
Propen	C_3H_6	1,403	−185,2	−47,0		46,2	1,9149	21,976
Sauerstoff	O_2	0,917	−218,8	−182,9	−118,3	52,1	1,4290	22,394
Schwefeldioxid	SO_2	0,607	−75,5	−10,02	157,5	81,5	2,9262	21,894
Stickstoff	N_2	1,038	−210,0	−195,8	−146,9	35,1	1,2505	22,405
Stickstoff(I)-oxid	N_2O	0,590	−90,81	−88,47	36,4	37,7	1,9804	22,226
Stickstoff(II)-oxid	NO		−163,6	−151,8	−92,9	117,0	1,3402	22,391
Stickstoff(IV)-oxid	NO_2		−11,2	21,1	158,2	101,3		
Wasserstoff	H_2	14,240	−259,2	−252,7	−239,9	13,0	0,0899	22,427
Bromwasserstoff	HBr	0,360	−86,9	−66,7	89,9	88,2	3,6443	22,206
Chlorwasserstoff	HCl	0,795	−114,2	−85,0	51,5	82,6	1,6392	22,246
Wasserstoffsulfid	H_2S	0,996	−85,7	−60,2	100,4	90,1	1,5362	22,186
Xenon	Xe	0,158	111,9	108,0	16,6	59,0	5,896	22,269

[1]) sublimiert

4.3 Kalorische Daten von Metallen

c: **spezifische Wärmekapazität** in $J \cdot g^{-1} \cdot K^{-1}$
Δh_s: **spezifische Schmelzenthalpie** in $J \cdot g^{-1}$
Δh_v: **spezifische Verdampfungsenthalpie** in $J \cdot g^{-1}$
α_l: **linearer Ausdehnungskoeffizient** in K^{-1}
λ: **Wärmeleitzahl** in $W \cdot m^{-1} \cdot K^{-1}$

Metall	c in $J \cdot g^{-1} \cdot K^{-1}$	Δh_s in $J \cdot kg^{-1}$	Δh_v in $J \cdot g^{-1}$	α_l in K^{-1}	λ in $W \cdot m^{-1} \cdot K^{-1}$	bei ϑ in °C
Aluminium	0,9021	396,6	10 885	$23{,}86 \cdot 10^{-6}$	238	0
Antimon	0,2089	167,6	1 053	$11{,}0 \cdot 10^{-6}$	18,5	
Barium	0,1919	55,8	1 098,7	$19{,}9 \cdot 10^{-6}$	–	
Beryllium	1,824	1 387	32 622	$12{,}3 \cdot 10^{-6}$	168	25
Bismut	0,1224	52,16	724,95	$13{,}5 \cdot 10^{-6}$	8,1	18
Blei	0,1294	23,03	866,4	$29{,}4 \cdot 10^{-6}$	35,2	0
Cadmium	0,232	56,94	888,5	$29{,}4 \cdot 10^{-6}$	96	0
Calcium	0,6577	216,1	3 742,5	$25{,}2 \cdot 10^{-6}$	–	
Chrom	0,4529	280,8	6 712,0	$6{,}6 \cdot 10^{-6}$	69	–
Cobalt	0,4184	259,6	4 802	$12{,}6 \cdot 10^{-6}$	69	0 … 100
Eisen	0,449	277,5	6 338,7	$11{,}5 \cdot 10^{-6}$	72,4	30
Gold	0,129	64,83	1 647,0	$14{,}2 \cdot 10^{-6}$	314	0
Kalium	0,7547	59,59	1 982	$84 \cdot 10^{-6}$	97	20
Kupfer	0,3859	204,6	4 784,4	$16{,}8 \cdot 10^{-6}$	398	0
Lithium	3,380	433,7	21 337	$56{,}0 \cdot 10^{-6}$	71	
Magnesium	1,026	368,2	5 422,7	$26{,}0 \cdot 10^{-6}$	171	25
Mangan	0,479	265,7	4 092	$23{,}0 \cdot 10^{-6}$	29,7	–
Molybdän	0,248	287,7	6 191,4	$5{,}1 \cdot 10^{-6}$	142	0
Natrium	1,2275	113,2	3 873	$71 \cdot 10^{-6}$	138	0
Nickel	0,4437	303,2	6 483	$13 \cdot 10^{-6}$	60,5	50
Platin	0,1327	111,2	2 291,3	$9{,}09 \cdot 10^{-6}$	71	0
Quecksilber[1]	0,1395	11,44	294,68	$182 \cdot 10^{-6}$	8,1	0
Silber	0,2364	104,47	2 354,7	$19{,}3 \cdot 10^{-6}$	418	0
Tantal	0,1393	173,53	4 161,4	$6{,}5 \cdot 10^{-6}$	54,5	20
Titan	0,5219	323,6	8 977	$8{,}35 \cdot 10^{-6}$	15,5	20
Uran	0,1153	82,76	1 730,9	$15{,}3 \cdot 10^{-6}$	24	0
Wolfram	0,1310	191,5	4 345,9	$4{,}5 \cdot 10^{-6}$	130	20
Zink	0,3886	111,37	1 754,6	$83{,}3 \cdot 10^{-6}$	113	20
Zinn	0,2221	59,57	2 446,7	$27 \cdot 10^{-6}$	63	0

[1]) Angegeben ist der Volumenausdehnungskoeffizient α_V.

4.4 Temperaturabhängigkeit der Dichte von Wasser

ϑ in °C	ϱ in $g \cdot mL^{-1}$	ϑ in °C	ϱ in $g \cdot mL^{-1}$	ϑ in °C	ϱ in $g \cdot mL^{-1}$	ϑ in °C	ϱ in $g \cdot mL^{-1}$	ϑ in °C	ϱ in $g \cdot mL^{-1}$
0	0,999840	10	0,999699	20	0,998203	30	0,995645	55	0,98570
1	0,999899	11	0,999604	21	0,997991	32	0,995024	60	0,98321
2	0,999940	12	0,999497	22	0,997769	34	0,994370	65	0,98057
3	0,999964	13	0,999376	23	0,997537	36	0,993688	70	0,97779
4	0,999972	14	0,999243	24	0,997295	38	0,992969	75	0,97486
5	0,999964	15	0,999099	25	0,997043	40	0,992219	80	0,97183
6	0,999940	16	0,998942	26	0,996782	42	0,99144	85	0,96862
7	0,999901	17	0,998773	27	0,996531	44	0,99033	90	0,96532
8	0,999848	18	0,998595	28	0,996231	45	0,99007	95	0,96189
9	0,999780	19	0,998403	29	0,995943	50	0,98805	100	0,95835

4.5 Temperaturabhängigkeit des Dampfdrucks von Wasser

ϑ_b: **Siedetemperatur** p: **Dampfdruck**

ϑ_b in °C	p in mbar	ϑ_b in °C	p in mbar	ϑ_b in °C	p in mbar	ϑ_b in °C	p in mbar	ϑ_b in °C	p in bar	ϑ_b in °C	p in bar
−30	0,373	8	10,73	25	31,67	65	250,03	101	1,049	160	6,18
−25	0,628	10	12,28	26	33,61	70	311,06	103	1,127	170	7,92
−20	1,029	12	14,02	28	37,80	75	385,4	105	1,208	180	10,03
−15	1,650	14	15,98	30	42,43	80	473,4	110	1,433	200	15,55
−10	2,594	15	17,05	35	56,22	85	578,1	115	1,690	220	23,20
−5	4,010	16	18,18	40	73,76	90	700,94	120	1,985	240	33,48
0	6,105	18	20,63	45	95,83	95	845,12	125	2,321	270	55,05
2	7,058	20	23,11	50	123,33	97	909,34	130	2,701	300	85,2
4	8,134	22	26,43	55	157,37	99	977,56	140	3,614	350	165,4
6	9,350	24	29,83	60	199,15	100	1013,25	150	4,760	500	263,7

4.6 Bildungsenthalpien

$\Delta_f H_m^0$: **molare Standardbildungsenthalpie**

Reaktion				$\Delta_f H_m^0$ in $kJ \cdot mol^{-1}$
2 Al	$+ \frac{3}{2} O_2$	→	Al_2O_3 (s)	−1675
2 As	$+ \frac{3}{2} O_2$	→	As_2O_3 (s)	−656,5
B	$+ \frac{3}{2} F_2$	→	BF_3 (g)	−1136
2 B	$+ \frac{3}{2} O_2$	→	B_2O_3 (s)	−1264
Ba	$+ \frac{1}{2} O_2$	→	BaO (s)	−556,7
Ba	$+ O_2$	→	BaO_2 (s)	−629
C	$+ 2 Cl_2$	→	CCl_4 (l)	−128,2
C	$+ \frac{1}{2} O_2$	→	CO (g)	−110,6
C	$+ O_2$	→	CO_2 (g)	−393,5
Ca	+ 2 C	→	CaC_2 (s)	−62,8
Ca	$+ \frac{1}{2} O_2$	→	CaO (s)	−636
2 Cr	$+ \frac{3}{2} O_2$	→	Cr_2O_3 (s)	−1141
Cr	$+ \frac{3}{2} O_2$	→	CrO_3 (s)	−586,1
Cu	$+ Cl_2$	→	$CuCl_2$ (s)	−219,6
2 Cu	$+ \frac{1}{2} O_2$	→	Cu_2O	−170,8
Cu	$+ \frac{1}{2} O_2$	→	CuO (s)	−157,3
Cu	+ S	→	CuS (s)	−53,1
Fe	$+ \frac{1}{2} O_2$	→	FeO (s)	−272,0
2 Fe	$+ \frac{3}{2} O_2$	→	Fe_2O_3 (s)	−824,2
3 Fe	$+ 2 O_2$	→	Fe_3O_4	−1117
Fe	+ S	→	FeS (s)	−100,0
$\frac{1}{2} H_2$	$+ \frac{1}{2} Br_2$	→	HBr (g)	−36,3
$\frac{1}{2} H_2$	$+ \frac{1}{2} Cl_2$	→	HCl (g)	−91,7
$\frac{1}{2} H_2$	$+ \frac{1}{2} F_2$	→	HF (l)	−299,8
$\frac{1}{2} H_2$	$+ \frac{1}{2} I_2$	→	HI (g)	+25,5
H_2	$+ \frac{1}{2} O_2$	→	H_2O (l)	−286,0
H_2	$+ O_2$	→	H_2O_2 (l)	−187,8
H_2	+ S	→	H_2S (g)	−22,2
H_2	+ Se	→	H_2Se (g)	+85,3
Hg	$+ \frac{1}{2} O_2$	→	HgO (s, gelb)	−90,2
2 K	$+ \frac{1}{2} O_2$	→	K_2O (s)	−360,9

Reaktion				$\Delta_f H_m^0$ in $kJ \cdot mol^{-1}$
Mg	$+ \frac{1}{2} O_2$	→	MgO (s)	−602
$\frac{1}{2} N_2$	$+ \frac{3}{2} H_2$	→	NH_3 (g)	−46,2
N_2	$+ 2 H_2$	→	N_2H_4 (l)	+50,6
N_2	$+ \frac{1}{2} O_2$	→	N_2O (g)	+82,3
$\frac{1}{2} N_2$	$+ \frac{1}{2} O_2$	→	NO (g)	+90,4
$\frac{1}{2} N_2$	$+ O_2$	→	NO_2 (g)	+33,3
Na	$+ \frac{1}{2} Br_2$	→	NaBr (s)	−363,1
Na	$+ \frac{1}{2} Cl_2$	→	NaCl (s)	−411,7
Na	$+ \frac{1}{2} F_2$	→	NaF (s)	−576,6
Na	$+ \frac{1}{2} I_2$	→	NaI (s)	−289,9
2 Na	$+ \frac{1}{2} O_2$	→	Na_2O (s)	−414,2
2 Na	$+ O_2$	→	Na_2O_2 (s)	−510,9
O_2	$+ \frac{1}{2} O_2$	→	O_3 (g)	+144,4
4 P	$+ 5 O_2$	→	P_4O_{10} [1]	−3096
S	$+ O_2$	→	SO_2 (g)	−296,9
S	$+ \frac{3}{2} O_2$	→	SO_3 (g)	−395,4
			(l)	−454,5
Si	$+ 2 Cl_2$	→	$SiCl_4$ (l)	−687,0
Si	$+ 2 H_2$	→	SiH_4 (g)	−36,4
Si	$+ O_2$	→	SiO_2 (s)	−910,7
Zn	$+ \frac{1}{2} O_2$	→	ZnO (s)	−349,6
$\frac{1}{2} Br_2$		→	Br (g)	+111,9
$\frac{1}{2} Cl_2$		→	Cl (g)	+121,2
$\frac{1}{2} F_2$		→	F (g)	+79,4
$\frac{1}{2} H_2$		→	H (g)	+217,5
$\frac{1}{2} I_2$		→	I (g)	+106,8
$\frac{1}{2} N_2$		→	N (g)	+471
$\frac{1}{2} O_2$		→	O (g)	+246,4

In der Literatur auch stärker abweichende Werte.

[1]) ≙ 2 P_2O_5

5 Elektrizitätslehre

5.1 Spezifischer Widerstand

ϱ: **spezifischer Widerstand** bei $\vartheta = 20\ °C$, wenn keine abweichende Angabe, in $\mu\Omega \cdot m$.
$\mu\Omega \cdot m = 1 \cdot 10^{-6}\ \Omega \cdot m = 1\ \Omega \cdot mm^2 \cdot m^{-1}$

ϑ: **Temperatur** in °C

Leiter

Metall	ϱ in $\mu\Omega \cdot m$
Aluminium	0,0265
Antimon	0,417
Barium	0,36
Beryllium	0,032
Bismut	1,1
Blei	0,208
Cadmium	0,076
Chrom	0,14
Cobalt	0,056
Eisen rein	0,10

Metall	ϱ in $\mu\Omega \cdot m$
Gold	0,0222
Grafit[1])	2 … 5
Graphen[2])	31
Kalium	0,061
Kupfer	0,0175
Lithium	0,086
Magnesium	0,0435
Mangan	0,39
Molybdän	0,05
Natrium	0,043

Metall	ϱ in $\mu\Omega \cdot m$
Nickel	0,0614
Platin	0,107
Quecksilber	0,941
Silber	0,016
Tantal	0,124
Titan	0,42
Uran	0,21
Wolfram	0,059
Zink	0,061
Zinn	0,12

Salzschmelze bei ϑ_m	ϱ in $\mu\Omega \cdot m$
KCl	0,0046
KF	0,0034
NaCl	0,0046

[1]) parallel zu den Schichten
[2]) Kohlenstoff in zweidimensionaler bienenwabenförmiger Struktur

Halbleiter und Isolatoren

Stoff		ϱ in $\mu\Omega \cdot m$
Aluminiumoxid		$\approx 10^{18}$
Bernstein		$10^{18} \dots 10^{24}$
Blut		$\approx 1{,}6 \cdot 10^{6}$
Fettgewebe		$\approx 3{,}3 \cdot 10^{7}$
Germanium:	reinst	$9 \cdot 10^{4}$
Gläser:	Pyrex[1])	10^{14}
	Quarzglas	$7{,}5 \cdot 10^{23}$
	Weiches Natronglas	$5 \cdot 10^{11}$
Kohlenstoff:	Diamant	$\approx 10^{18}$
	Grafit[2])	$3 \dots 10 \cdot 10^{3}$
	Grafit, amorph	$5 \dots 8 \cdot 10^{2}$
Kunststoffe:	Bakelite	bis 10^{16}
	PET	10^{27}
	Polyamide	$10^{13} \dots 10^{14}$
	Polypropylen, Folie	$\approx 10^{11}$
	Polystyrol	$5 \cdot 10^{17}$

Stoff		ϱ in $\mu\Omega \cdot m$
Lösemittel:	Aceton	$5 \cdot 10^{7}$
	Ethanol	$1{,}6 \cdot 10^{7}$
Muskelgewebe		$2 \cdot 10^{6}$
Papier		$10^{15} \dots 10^{17}$
Paraffin:	rein	bis 10^{22}
	Paraffinöl	10^{18}
Porzellan		$\approx 10^{18}$
Salze:	NaCl	$1 \cdot 10^{17}$
	CaF_2	bis ∞
Salzsäure (10 %)		$\approx 1{,}5 \cdot 10^{4}$
Schwefel:		$\approx 10^{21}$
Schwefelsäure (10 %)		$\approx 2{,}5 \cdot 10^{4}$
Silicium:	reinst	$1{,}2 \cdot 10^{5}$
Wasser:	reinst, entgast	$\approx 10^{12}$
	Trinkwasser	$\approx 10^{7}$
	Meerwasser	$10^{5} \dots 10^{6}$

[1]) hochschmelzendes Borosilikatglas, sprich peirex
[2]) senkrecht zu den Schichten

5.2 Temperaturabhängigkeit des Widerstands ausgewählter Leiter

Der Widerstand eines Leiters ist bei Messtemperatur $R_\vartheta = R_0(1 + \alpha \cdot \Delta\vartheta)$

R_0: **Ausgangswiderstand** in Ω

$\Delta\vartheta$: **Temperaturdifferenz** $(\vartheta_2 - \vartheta_1)$ in °C

α: **elektrischer Temperaturkoeffizient** in K^{-1}; Mittelwerte bei 0 °C … 100 °C

Leiterwerkstoff	α in K^{-1}	Leiterwerkstoff	α in K^{-1}	Leiterwerkstoff	α in K^{-1}
Cr-Ni-Stahl	0,00025	Konstantan	- 0,00005	Platin	0,0031
Flussstahl	0,0066	Kupfer	0,0038	Silber	0,00377
Gold	0,0039	Messing	0,0015	Wolfram	0,0041
Grafit	- 0,0002	Nickel	0,00465	Zinn	0,0042

5.3 Elektrochemische Äquivalentmassen

OZ: **Oxidationszahl**

m_{eq}: **elektrochemische Äquivalentmasse** in $mg \cdot A^{-1} \cdot s^{-1}$

Abgeschiedener Stoff	OZ	m_{eq} in $mg \cdot A^{-1} \cdot s^{-1}$
Aluminium	III	0,09322
Antimon	III	0,4206
Bismut	III	0,7220
Blei	II	1,0737
Brom	- I	0,8281
Cadmium	II	0,58253
Calcium	II	0,2077
Chlor	- I	0,3674
Chrom	VI	0,08982
Cobalt	II	0,3054
Eisen	III	0,19293
Gold	III	0,68047
Iod	- I	1,3153
Kalium	I	0,40526

Abgeschiedener Stoff	OZ	m_{eq} in $mg \cdot A^{-1} \cdot s^{-1}$
Kupfer	II	0,32930
Magnesium	II	0,1260
Mangan	II	0,2847
Natrium	I	0,2383
Nickel	II	0,30414
Platin	IV	0,50547
Quecksilber	II	1,03949
Sauerstoff	- II	0,08290
Silber	I	1,1180
Titan	IV	0,12406
Wasserstoff	I	0,010447
Zink	II	0,3389
Zinn	II	0,61517

6 Gleichgewichtskonstanten

6.1 Säurekonstanten

Die Daten beziehen sich auf die einzelnen Protolysestufen (PS). Beispiel Phosphorsäure:

Protolyse	Reaktionsgleichung	Säurekonstante K_S bei $\vartheta = 25\ °C$
Stufe 1	$H_3PO_4 + H_2O \rightleftarrows H_3O^+ + H_2PO_4^-$	$K_{S1}(H_3PO_4) = \frac{c(H_3O^+) \cdot c(H_2PO_4^-)}{c(H_3PO_4)} = 7{,}5 \cdot 10^{-3}\ mol \cdot L^{-1}$
Stufe 2	$H_2PO_4^- + H_2O \rightleftarrows H_3O^+ + HPO_4^{2-}$	$K_{S2}(H_3PO_4) = \frac{c(H_3O^+) \cdot c(HPO_4^{2-})}{c(H_2PO_4^-)} = 6{,}23 \cdot 10^{-8}\ mol \cdot L^{-1}$
Stufe 3	$HPO_4^{2-} + H_2O \rightleftarrows H_3O^+ + PO_4^{3-}$	$K_{S3}(H_3PO_4) = \frac{c(H_3O^+) \cdot c(PO_4^{3-})}{c(HPO_4^{2-})} = 1{,}80 \cdot 10^{-12}\ mol \cdot L^{-1}$

Anorganische Säuren

Säure	PS	K_S in $mol \cdot L^{-1}$	bei ϑ in °C
H_3AsO_3	S1	$4 \cdot 10^{-10}$	25
	S2	$3 \cdot 10^{-14}$	25
	S3	$< 10^{-15}$	25
H_3AsO_4	S1	$5{,}62 \cdot 10^{-3}$	18
	S2	$1{,}70 \cdot 10^{-7}$	18
	S3	$3{,}95 \cdot 10^{-12}$	18
H_3BO_3	S1	$7{,}3 \cdot 10^{-10}$	20
	S2	$1{,}8 \cdot 10^{-13}$	20
	S3	$1{,}6 \cdot 10^{-14}$	20
HBr		$1 \cdot 10^{9}$	25
HCl		$1 \cdot 10^{7}$	25
HClO		$3{,}2 \cdot 10^{-8}$	15
$HClO_2$		$5 \cdot 10^{-3}$	25
$HClO_3$		14	25
$HClO_4$		$1 \cdot 10^{9}$	25
H_2CO_3	S1	$4{,}31 \cdot 10^{-7}$	25
	S2	$5{,}61 \cdot 10^{-11}$	25
H_2CrO_4	S1	$1{,}8 \cdot 10^{-1}$	25
	S2	$3{,}2 \cdot 10^{-7}$	25
HF		$3{,}53 \cdot 10^{-4}$	25

Säure	PS	K_S in $mol \cdot L^{-1}$	bei ϑ in °C
HI		$3 \cdot 10^{9}$	25
HNO_2		$7 \cdot 10^{-4}$	20
HNO_3		21	25
H_2O		$1{,}82 \cdot 10^{-16}$	25
H_2O_2		$2{,}4 \cdot 10^{-12}$	25
H_3PO_4	S1	$7{,}5 \cdot 10^{-3}$	25
	S2	$6{,}23 \cdot 10^{-8}$	25
	S3	$1{,}80 \cdot 10^{-12}$	25
H_2S	S1	$8{,}7 \cdot 10^{-8}$	20
	S2	$3{,}63 \cdot 10^{-12}$	20
H_2SO_3	S1	$1{,}54 \cdot 10^{-2}$	18
	S2	$1{,}02 \cdot 10^{-7}$	18
H_2SO_4	S1	$1 \cdot 10^{3}$	20
	S2	$1{,}2 \cdot 10^{-2}$	20
H_2SiO_3	S1	$3{,}1 \cdot 10^{-10}$	25
	S2	$1{,}7 \cdot 10^{-12}$	25
H_4SiO_4	S1	$2.2 \cdot 10^{-10}$	30
	S2	$2{,}2 \cdot 10^{-12}$	30
	S3	$1 \cdot 10^{-12}$	30
	S4	$1 \cdot 10^{-12}$	30

Organische Säuren

Säure	Formel	PS	K_S in $mol \cdot L^{-1}$	bei ϑ in °C
Acetessigsäure	CH_3COCH_2COOH		$2{,}62 \cdot 10^{-4}$	18
Acrylsäure	$CH_2CHCOOH$		$5{,}6 \cdot 10^{-4}$	18
Adipinsäure	$HOOC(CH_2)_4COOH$	S1	$3{,}9 \cdot 10^{-5}$	18
		S2	$5{,}3 \cdot 10^{-6}$	
Ameisensäure	HCOOH		$1{,}765 \cdot 10^{-4}$	20
4-Aminobenzoesäure	$H_2NC_6H_4COOH$		$1{,}18 \cdot 10^{-54}$	25
L-Ascorbinsäure	$C_6H_8O_6$	S1	$7{,}94 \cdot 10^{-5}$	25
		S2	$1{,}62 \cdot 10^{-12}$	16
Benzoesäure	C_6H_5COOH		$6{,}237 \cdot 10^{-5}$	20
Benzolsulfonsäure	$C_6H_5SO_3H$		$2 \cdot 10^{-1}$	25

Säure	Formel	PS	K_S in $mol \cdot L^{-1}$	bei ϑ in °C
Bernsteinsäure	$HOOC(CH_2)_2COOH$	S1 S2	$6{,}07 \cdot 10^{-5}$ $2{,}3 \cdot 10^{-6}$	20 20
Brenzcatechin 1,2-Dihydroxybenzol	$C_6H_4(OH)_2$		$1{,}4 \cdot 10^{-10}$	20
Buttersäure	$CH_3(CH_2)_2COOH$		$1{,}542 \cdot 10^{-5}$	20
2-Chlorphenol 3-Chlorphenol 4-Chlorphenol	$C_6H_4(OH)Cl$		$3{,}0 \cdot 10^{-10}$ $8{,}5 \cdot 10^{-10}$ $4{,}3 \cdot 10^{-10}$	25 25 25
Citronensäure	$HOOCCH_2(OH)C(COOH)CH_2COOH$	S1 S2 S3	$7{,}21 \cdot 10^{-4}$ $1{,}70 \cdot 10^{-5}$ $4{,}09 \cdot 10^{-6}$	20 20 20
Dichloressigsäure	$CHCl_2COOH$		$5{,}1 \cdot 10^{-2}$	25
Essigsäure	CH_3COOH		$1{,}753 \cdot 10^{-5}$ $1{,}754 \cdot 10^{-5}$	20 25
Ethylendiamin- tetraessigsäure (EDTA)	$(HOOCCH_2)_2N(CH_2)_2N(CH_2COOH)_2$	S1 S2 S3 S4	$1{,}0 \cdot 10^{-2}$ $2{,}2 \cdot 10^{-3}$ $6{,}9 \cdot 10^{-7}$ $5{,}8 \cdot 10^{-11}$	
Fumarsäure	$HOOC(CH)_2COOH$ (trans)	S1 S2	$9{,}5 \cdot 10^{-4}$ $2{,}73 \cdot 10^{-5}$	25
Glutarsäure	$HOOC(CH_2)_3COOH$	S1 S2	$4{,}85 \cdot 10^{-5}$ $3{,}89 \cdot 10^{-6}$	25 25
Glycerin	$CH_2(OH)CH(OH)CH_2OH$		$7{,}0 \cdot 10^{-15}$	17,5
Glykol	$CH_2(OH)CH_2OH$		$6 \cdot 10^{-15}$	19
Hydrochinon 1,4-Dihydroxybenzol	$C_6H_4(OH)_2$	S1 S2	$0{,}91 \cdot 10^{-10}$ $1{,}5 \cdot 10^{-12}$	20 20
2-Kresol 2-Hydroxymethylbenzol 3-Kresol 4-Kresol	$CH_3C_6H_4OH$		$6{,}3 \cdot 10^{-11}$ $9{,}8 \cdot 10^{-11}$ $6{,}7 \cdot 10^{-11}$	
Maleinsäure	$HOOC(CH)_2COOH$ (cis)	S1 S2	$1{,}5 \cdot 10^{-2}$ $7{,}7 \cdot 10^{-7}$	25
Malonsäure	$HOOCCH_2COOH$	S1 S2	$1{,}49 \cdot 10^{-3}$ $2{,}03 \cdot 10^{-6}$	20
Milchsäure	$CH_3CH(OH)COOH$		$1{,}374 \cdot 10^{-4}$	25
Monochloressigsäure	$CH_2ClCOOH$		$1{,}3944 \cdot 10^{-3}$	20
1-Naphthol 2-Naphthol	$C_{10}H_7OH$		$4{,}6 \cdot 10^{-10}$ $3{,}1 \cdot 10^{-10}$	25 25
2-Nitrophenol 3-Nitrophenol 4-Nitrophenol	$C_6H_4(OH)NO_2$		$6{,}8 \cdot 10^{-8}$ $5{,}3 \cdot 10^{-8}$ $1{,}38 \cdot 10^{-8}$	25 25 25
Oxalsäure	$HOOCCOOH$	S1 S2	$5{,}90 \cdot 10^{-2}$ $6{,}40 \cdot 10^{-5}$	25 25
Palmitinsäure	$CH_3(CH_2)_{14}COOH$		$2{,}0 \cdot 10^{-6}$	25
Phenol	C_6H_5OH		$1{,}05 \cdot 10^{-10}$	20
Phenolphthalein	$C_{20}H_{14}O_4$		$2 \cdot 10^{-10}$	18
Pikrinsäure	$C_6H_2(NO_2)_3OH$		$4{,}2 \cdot 10^{-1}$	25
Propionsäure	CH_3CH_2COOH		$1{,}338 \cdot 10^{-5}$	20
Resorcin 1,3-Dihydroxybenzol	$C_6H_4(OH)_2$		$1{,}55 \cdot 10^{-10}$	25
Salicylsäure 2-Hydroxy-benzoesäure	$C_6H_4(OH)COOH$	S1 S2	$1{,}07 \cdot 10^{-3}$ $4{,}0 \cdot 10^{-14}$	19 20

Säure	Formel	PS	K_S in mol · L^{-1}	bei ϑ in °C
Sulfanilsäure 4-Aminobenzolsulfonsäure	$H_2NC_6H_4SO_3H$		$3{,}254 \cdot 10^{-3}$	25
Trichloressigsäure	CCl_3COOH		$2 \cdot 10^{-1}$	25
Valeriansäure	$CH_3(CH_2)_3COOH$		$1{,}38 \cdot 10^{-5}$	
D-Weinsäure	$HOOC(CHOH)_2COOH$	S1 S2	$9{,}04 \cdot 10^{-4}$ $4{,}25 \cdot 10^{-5}$	20 20
L-Weinsäure		S1	$9{,}7 \cdot 10^{-4}$	25
DL-Weinsäure		S1	$1{,}18 \cdot 10^{-8}$	25
meso-Weinsäure		S1 S2	$6 \cdot 10^{-4}$ $1{,}5 \cdot 10^{-5}$	25 25

6.2 Basenkonstanten

Anorganische Basen

Base	PS	K_B in mol · L^{-1}	bei ϑ in °C
AgOH		$1{,}1 \cdot 10^{-4}$	25
$Al(OH)_3$		$5 \cdot 10^{-9}$	25
$Ba(OH)_2$		0,23	25
$Be(OH)_2$		$5 \cdot 10^{-11}$	25
$Ca(OH)_2$	S1 S2	$3{,}74 \cdot 10^{-3}$ $4{,}3 \cdot 10^{-2}$	25 25
KOH		5	25
LiOH		0,665	25
NH_3		$1{,}79 \cdot 10^{-5}$	25

Base	PS	K_B in mol · L^{-1}	bei ϑ in °C
N_2H_4	S1 S2	$8{,}5 \cdot 10^{-7}$ $8{,}9 \cdot 10^{-16}$	25 25
NH_2OH		$1{,}77 \cdot 10^{-8}$	25
NaOH		4	25
$Pb(OH)_2$	S1 S2	$9{,}6 \cdot 10^{-4}$ $3 \cdot 10^{-8}$	25 25
$Sr(OH)_2$		0,150	25
$Zn(OH)_2$	S1 S2	$9{,}6 \cdot 10^{-4}$ $1{,}5 \cdot 10^{-9}$	25 25

Organische Basen

Base	Formel	PS	K_B in mol · L^{-1}	bei ϑ in °C
Acetamid	CH_3CONH_2		$3{,}1 \cdot 10^{-15}$	25
Anilin	$C_6H_5NH_2$		$4{,}0 \cdot 10^{-15}$	20
Benzidin	$H_2NC_6H_4C_6H_4NH_2$	S1 S2	$3{,}9 \cdot 10^{-10}$ $5{,}6 \cdot 10^{-11}$	30
Diethylamin	$(C_2H_5)_2NH$		$8{,}57 \cdot 10^{-4}$	25
Dimethylamin	$(CH_3)_2NH$		$5{,}689 \cdot 10^{-4}$	20
Diphenylamin	$(C_6H_5)_2NH$		$7{,}6 \cdot 10^{-14}$	15
Ethylamin	$CH_3CH_2NH_2$		$3{,}02 \cdot 10^{-4}$	20
Methylamin	CH_3NH_2		$4{,}169 \cdot 10^{-4}$	20
Phenylhydrazin	$C_6H_5NHNH_2$		$1{,}6 \cdot 10^{-9}$	40
Pyridin	C_5H_5N		$1{,}15 \cdot 10^{-9}$	20
2-Toluidin, 2-Aminotoluol 3-Toluidin 4-Toluidin	$CH_3C_6H_4NH_2$		$2{,}9 \cdot 10^{-10}$ $4{,}6 \cdot 10^{-10}$ $1{,}253 \cdot 10^{-9}$	25 25 25
Triethylamin	$(C_2H_5)_3N$		$5{,}65 \cdot 10^{-4}$	25
Trimethylamin	$(CH_3)_3N$		$5{,}75 \cdot 10^{-5}$	20

6.3 Löslichkeitsprodukte

K_L: **Löslichkeitsprodukt** in $(mol \cdot L^{-1})^N$

K_L ist das Produkt der Ionenkonzentrationen in der gesättigten Lösung eines schwerlöslichen Salzes. Die Anzahl der Kationen bzw. Anionen pro Formeleinheit erscheint bei der Berechnung als Exponent der Konzentrationen. Der Exponent N ist die Summe der Exponenten von c.

Beispiel: $K_L(Bi_2S_3) = c^2(Bi^{3+}) \cdot c^3(S^{2-})$; Einheit: $(mol \cdot L^{-1})^5$; Exponent: $N = 5$

ϑ: **Temperatur** 25 °C, wenn nicht anders angegeben.

Verbindung	K_L in $(mol \cdot L^{-1})^N$	ϑ in °C
$AgBr$	$6{,}3 \cdot 10^{-13}$	
$AgBrO_3$	$5{,}77 \cdot 10^{-5}$	
$AgCl$	$1{,}61 \cdot 10^{-10}$	20
$AgCN$	$7 \cdot 10^{-15}$	
AgI	$1{,}5 \cdot 10^{-16}$	
$AgIO_3$	$3{,}2 \cdot 10^{-8}$	
$AgOH$	$1{,}24 \cdot 10^{-8}$	18
$AgSCN$	$1{,}16 \cdot 10^{-12}$	
Ag_2CO_3	$6{,}15 \cdot 10^{-12}$	
Ag_2CrO_4	$4{,}05 \cdot 10^{-12}$	
$Ag_2Cr_2O_7$	$2 \cdot 10^{-7}$	
Ag_2S	$1{,}6 \cdot 10^{-49}$	18
Ag_2SO_4	$7{,}7 \cdot 10^{-5}$	
$Ag_2S_2O_3$	$1{,}16 \cdot 10^{-12}$	
Ag_3AsO_4	$1{,}0 \cdot 10^{-19}$	
Ag_3PO_4	$1{,}8 \cdot 10^{-18}$	20
$Al(OH)_3$ [1]	$3{,}7 \cdot 10^{-15}$	
$Al(OH)_3$	$2 \cdot 10^{-33}$	
As_2S_3	$4 \cdot 10^{-29}$	18
$BaCO_3$	$7 \cdot 10^{-9}$	16
$BaCrO_4$	$1{,}6 \cdot 10^{-10}$	18
$Ba(IO_3)_2$	$6{,}5 \cdot 10^{-10}$	
$BaMnO_4$	$2{,}5 \cdot 10^{-10}$	
$BaSO_4$	$1{,}08 \cdot 10^{-10}$	
$Be(OH)_2$	$5 \cdot 10^{-11}$	
$BiOCl$	$1{,}6 \cdot 10^{-31}$	
$Bi(OH)_3$	$4{,}3 \cdot 10^{-31}$	18
Bi_2S_3	$1{,}6 \cdot 10^{-72}$	18
$CaCO_3$	$0{,}87 \cdot 10^{-8}$	
$Ca(COO)_2$	$1{,}78 \cdot 10^{-9}$	18
$CaCrO_4$	$2{,}3 \cdot 10^{-2}$	18

Verbindung	K_L in $(mol \cdot L^{-1})^N$	ϑ in °C
CaF_2	$3{,}4 \cdot 10^{-11}$	18
$Ca(OH)_2$	$5{,}47 \cdot 10^{-6}$	18
$CaSO_4$	$6{,}1 \cdot 10^{-5}$	10
$Ca_3(PO_4)_2$	$1 \cdot 10^{-25}$	10
$CdCO_3$	$2{,}5 \cdot 10^{-14}$	
$Cd(OH)_2$	$1{,}2 \cdot 10^{-14}$	18
CdS	$1 \cdot 10^{-29}$	18
$CoCO_3$	$1 \cdot 10^{-12}$	
$Co(OH)_2$	$2{,}0 \cdot 10^{-16}$	
CoS	$1{,}9 \cdot 10^{-27}$	20
$Cr(OH)_3$	$1 \cdot 10^{-30}$	
$CuBr$	$4{,}2 \cdot 10^{-8}$	20
$CuCO_3$	$1{,}4 \cdot 10^{-10}$	
$CuCl$	$1{,}02 \cdot 10^{-6}$	20
CuI	$5{,}6 \cdot 10^{-12}$	20
$Cu(OH)_2$	$2{,}95 \cdot 10^{-13}$	
CuS	$8 \cdot 10^{-45}$	18
$CuSCN$	$1{,}6 \cdot 10^{-11}$	18
Cu_2S	$2 \cdot 10^{-47}$	18
$FeCO_3$	$2{,}5 \cdot 10^{-11}$	20
$Fe(COO)_2$	$2{,}1 \cdot 10^{-7}$	
$Fe(OH)_2$	$4{,}8 \cdot 10^{-16}$	18
$Fe(OH)_3$	$3{,}8 \cdot 10^{-38}$	18
FeS	$3{,}7 \cdot 10^{-19}$	18
$HgCN$	$5 \cdot 10^{-40}$	
HgI	$1{,}2 \cdot 10^{-28}$	
HgO	$1{,}7 \cdot 10^{-26}$	
HgS	$3 \cdot 10^{-54}$	18
Hg_2Cl_2	$2 \cdot 10^{-18}$	
Hg_2S	$1 \cdot 10^{-47}$	18
$MgCO_3$	$2{,}6 \cdot 10^{-5}$	12

Verbindung	K_L in $(mol \cdot L^{-1})^N$	ϑ in °C
MgF_2	$6{,}4 \cdot 10^{-9}$	27
$MgNH_4PO_4$	$2{,}5 \cdot 10^{-13}$	
$Mg(OH)_2$	$6 \cdot 10^{-10}$	18
$MnCO_3$	$1 \cdot 10^{-10}$	
$Mn(OH)_2$	$4 \cdot 10^{-14}$	18
MnS	$7 \cdot 10^{-16}$	18
$NiCO_3$	$1{,}35 \cdot 10^{-7}$	
$Ni(OH)_2$	$1{,}6 \cdot 10^{-14}$	20
NiS	$1 \cdot 10^{-26}$	
$PbCO_3$	$3{,}3 \cdot 10^{-14}$	18
$Pb(COO)_2$	$2{,}74 \cdot 10^{-11}$	18
$PbCl_2$	$2{,}12 \cdot 10^{-5}$	
$PbCrO_4$	$1{,}77 \cdot 10^{-14}$	
PbI_2	$8{,}7 \cdot 10^{-9}$	
PbS	$3{,}4 \cdot 10^{-28}$	18
$PbSO_4$	$1{,}5 \cdot 10^{-8}$	
$Pb_3(PO_4)_2$	$3{,}16 \cdot 10^{-44}$	20
$Sb(OH)_3$	$4 \cdot 10^{-42}$	
$Sn(OH)_2$	$5 \cdot 10^{-26}$	
$Sn(OH)_4$	$1 \cdot 10^{-56}$	
SnS	$1 \cdot 10^{-28}$	
$SrCO_3$	$1{,}6 \cdot 10^{-9}$	
$Sr(COO)_2$	$5{,}6 \cdot 10^{-8}$	
$SrCrO_4$	$3{,}6 \cdot 10^{-5}$	18
SrF_2	$3{,}0 \cdot 10^{-9}$	18
$SrSO_4$	$2{,}8 \cdot 10^{-7}$	
$ZnCO_3$	$6 \cdot 10^{-11}$	
$Zn(COO)_2$	$1{,}35 \cdot 10^{-9}$	18
$Zn(OH)_2$	$1{,}5 \cdot 10^{-9}$	

[1]) frisch gefällt

6.4 Komplexbildungkonstanten

Komplexe von Cu^{2+} mit Wasser und Ammoniak

Komplexbildung	Reaktionsgleichung	Komplexbildungskonstante K_K bei $\vartheta = 20\ °C$
Stufe 1	$[Cu(H_2O)_6]^{2+} + NH_3 \rightleftarrows [Cu(H_2O)_5(NH_3)]^{2+} + H_2O$	$K_{K1} = \frac{c([Cu(H_2O)_5(NH_3)]^{2+})}{c([Cu(H_2O)_6]^{2+}) \cdot c(NH_3)} = 1{,}35 \cdot 10^4\ L \cdot mol^{-1}$
Stufe 2	$[Cu(H_2O)_5(NH_3)]^{2+} + NH_3 \rightleftarrows [Cu(H_2O)_4(NH_3)_2]^{2+} + H_2O$	$K_{K2} = \frac{c([Cu(H_2O)_4(NH_3)_2]^{2+})}{c([Cu(H_2O)_5(NH_3)]^{2+}) \cdot c(NH_3)} = 3{,}02 \cdot 10^3\ L \cdot mol^{-1}$
Stufe 3	$[Cu(H_2O)_4(NH_3)_2]^{2+} + NH_3 \rightleftarrows [Cu(H_2O)_3(NH_3)_3]^{2+} + H_2O$	$K_{K3} = \frac{c([Cu(H_2O)_3(NH_3)_3]^{2+})}{c([Cu(H_2O)_4(NH_3)_2]^{2+}) \cdot c(NH_3)} = 7{,}41 \cdot 10^2\ L \cdot mol^{-1}$
Stufe 4	$[Cu(H_2O)_3(NH_3)_3]^{2+} + NH_3 \rightleftarrows [Cu(H_2O)_2(NH_3)_4]^{2+} + H_2O$	$K_{K4} = \frac{c([Cu(H_2O)_2(NH_3)_4]^{2+})}{c([Cu(H_2O)_3(NH_3)_3]^{2+}) \cdot c(NH_3)} = 7{,}41 \cdot 10^2\ L \cdot mol^{-1}$

Komplexe von Metallionen mit Ethylendiamintetraessigsäure (EDTA)

Dissoziation des Natriumsalzes von EDTA: $Na_2H_2Y \rightleftarrows 2\ Na^+ + [H_2Y]^{2-}$

Metallion	Reaktionsgleichung	Komplexbildungskonstante K_K bei $\vartheta = 20\ °C$
Ag^+	$Ag^+ + H_2Y^{2-} \rightarrow [AgY]^{3-} + 2\ H^+$	$K_K = \frac{c([AgY]^{3-}) \cdot c^2(H^+)}{c(Ag^+) \cdot c(H_2Y^{2-})} = 2{,}0 \cdot 10^7\ L \cdot mol^{-1}$
Mg^{2+}	$Mg^{2+} + H_2Y^{2-} \rightarrow [MgY]^{2-} + 2\ H^+$	$K_K = \frac{c([MgY]^{2-}) \cdot c^2(H^+)}{c(Mg^{2+}) \cdot c(H_2Y^{2-})} = 5{,}0 \cdot 10^4\ L \cdot mol^{-1}$
Fe^{3+}	$Fe^{3+} + H_2Y^{2-} \rightarrow [FeY]^- + 2\ H^+$	$K_K = \frac{c([FeY]^-) \cdot c^2(H^+)}{c(Fe^{3+}) \cdot c(H_2Y^{2-})} = 1{,}3 \cdot 10^{25}\ L \cdot mol^{-1}$

Komplexbildungkonstanten von Metallion-EDTA-Komplexen bei 20 °C

Metallion	Ag^+	Ba^{2+}	Sr^{2+}	Mg^{2+}	Ca^{2+}	Mn^{2+}	Fe^{2+}
K_K in $L \cdot mol^{-1}$	$2{,}0 \cdot 10^7$	$6{,}3 \cdot 10^7$	$4{,}0 \cdot 10^8$	$5{,}0 \cdot 10^8$	$5{,}0 \cdot 10^{10}$	$6{,}3 \cdot 10^{13}$	$2{,}0 \cdot 10^{14}$

Metallion	Al^{3+}	Co^{2+}	Zn^{2+}	Cd^{2+}	Au^{3+}	Pb^{2+}	Pd^{2+}
K_K in $L \cdot mol^{-1}$	$1{,}3 \cdot 10^{16}$	$2{,}0 \cdot 10^{16}$	$3{,}2 \cdot 10^{16}$	$3{,}2 \cdot 10^{16}$	$1{,}0 \cdot 10^{17}$	$1{,}0 \cdot 10^{18}$	$3{,}2 \cdot 10^{18}$

Metallion	Ni^{2+}	Cu^{2+}	Hg^{2+}	Sn^{2+}	Fe^{3+}	Bi^{3+}	Zr^{4+}
K_K in $L \cdot mol^{-1}$	$4{,}0 \cdot 10^{18}$	$6{,}3 \cdot 10^{18}$	$6{,}3 \cdot 10^{21}$	$1{,}3 \cdot 10^{22}$	$1{,}3 \cdot 10^{25}$	$7{,}9 \cdot 10^{27}$	$3{,}2 \cdot 10^{29}$

Komplexe von Metallionen mit Eriochromschwarz T bei 20 °C

Die Komplexbildungskonstanten K_K sind stark pH-Wert-abhängig.

Metallion	pH-Wert	Reaktionsgleichung	Komplexbildungskonstante K_K bei $\vartheta = 20\ °C$
Mg^{2+}	8	$Mg^{2+} + H_2ErioT^- \rightarrow [MgErioT]^- + 2\ H^+$	$K_K = \frac{c([MgErioT]^-) \cdot c^2(H^+)}{c(Mg^{2+}) \cdot c(H_2ErioT^-)} = 3{,}55 \cdot 10^{-4}\ L \cdot mol^{-1}$
Ca^{2+}	8	$Ca^{2+} + H_2ErioT^- \rightarrow [CaErioT]^- + 2\ H^+$	$K_K = \frac{c([CaErioT]^-) \cdot c^2(H^+)}{c(Ca^{2+}) \cdot c(H_2ErioT^-)} = 3{,}63 \cdot 10^{-6}\ L \cdot mol^{-1}$
Mg^{2+}	10	$Mg^{2+} + H_2ErioT^- \rightarrow [MgErioT]^- + 2\ H^+$	$K_K = \frac{c([MgErioT]^-) \cdot c^2(H^+)}{c(Mg^{2+}) \cdot c(H_2ErioT^-)} = 5{,}37 \cdot 10^{-6}\ L \cdot mol^{-1}$
Ca^{2+}	10	$Ca^{2+} + H_2ErioT^- \rightarrow [CaErioT]^- + 2\ H^+$	$K_K = \frac{c([CaErioT]^-) \cdot c^2(H^+)}{c(Ca^{2+}) \cdot c(H_2ErioT^-)} = 1{,}45 \cdot 10^{-9}\ L \cdot mol^{-1}$

6.5 *Nernst*sche Verteilungskoeffizienten

Ein Stoff verteilt sich auf die abgebende Phase (Raffinat) und die aufnehmende Phase (Extrakt).
Nach dem *Nernst*schen Verteilungssatz gilt: $K = c_{Ex}(X) / c_{Ra}(X)$ 127.
Bei hinreichend niedrigen Konzentrationen besteht zwischen $c_{Ex}(X)$ und $c_{Ra}(X)$ ein linearer Zusammenhang. Außerdem ist K nur dann von der Konzentration unabhängig, wenn die Moleküle in beiden Lösemitteln unverändert vorliegen, also nicht dissoziieren. $pK = -\lg K$

Stoff X	ϑ in °C	Extrakt-/ Raffinatphase	K
Aceton	20	Wasser/Toluol	2,05
Azobenzol	20	Acetonitril/Heptan	1,29
Betain	20	n-Pentanol/Wasser	4,53
Borsäure	25	Wasser/n-Pentanol	3,29
o-Chinon	20	Diethylether/Wasser	3,14
Diazepam	20	Diethylether/Wasser	3,98
Dimethylamin	25	Wasser/Toluol	1,25
Eisen(III)-thiocyanat	20	Diethylether/Wasser	1,82
Essigsäure	20	Wasser/n-Pentanol	1,10
Heptan-2-on	22	Nitromethan/Hexan	2,78

Stoff X	ϑ in °C	Extrakt-/ Raffinatphase	K
Iod	20	Chloroform/Wasser	120
Methanol	20	Diethylether/Wasser	1,54
Morphin	20	Ethylacetat/Wasser	5,94
Phenol	20	n-Pentanol/Wasser	16,0
Pyridin	20	Toluol/Wasser	1,89
Trimethylamin	20	Wasser/Toluol	2,01
Trimethylamin	25	n-Pentanol/Wasser	25,83
Undecan-2-on	21	Hexan/Nitromethan	1,44
Wasserstoffperoxid	18	Wasser/Diethylether	14,1
Wasserstoffperoxid	20	Wasser/n-Pentanol	7,01

Octanol/Wasser-Verteilungskoeffizienten bei $\vartheta = 25$ °C

Substanz	K_{OW}	pK_{OW}
Acetonitril	1,778	0,25
Acetylsalicylsäure	13,80	1,14
Acrolein	0,977	−0,01
Acrylamid	0,166	−0,78
Acrylsäure	1,445	0,16
Adrenalin	0,0427	−1,37
Anilin	7,943	0,90
Arachidonsäure	$9{,}55 \cdot 10^5$	6,98
Benzoesäure	74,1	1,87
Benzol	134,9	2,13
Bis(2-ethylhexyl)phthalat (DEHP)	$3{,}162 \cdot 10^7$	7,50
1,3-Butadien	97,72	1,99
Caprolactam	0,646	−0,19
Chlorbenzol	691,8	2,84
Dichlordiphenyltrichlorethan (DDT)	$1{,}26 \cdot 10^{-5}$	5,1
N,N-Diethyltoluamid (DEET)	102,32	2,01
Diethylphthalat	295,1	2,47

Substanz	K_{OW}	pK_{OW}
N,N-Dimethylformamid	0,098	−1,01
1,4-Dioxan	0,537	−0,27
Ethylenoxid (Oxiran)	0,501	−0,30
Glyphosat	$6{,}31 \cdot 10^{-4}$	-3,2
Hexachlorbenzol	$2{,}042 \cdot 10^5$	5,31
Ioversol	$1{,}047 \cdot 10^{-3}$	-2,98
Melatonin	15,85	1,2
Methylmethacrylat	23,988	1,38
Naphthalin	2238,7	3,35
Nitrobenzol	70,8	1,85
2,2',4,4',5-Pentachlor-biphenyl	$2{,}570 \cdot 10^6$	6,41
Propranolol	1318,3	3,12
Testosteron	1479,1	3,17
Tetrahydrofuran	6,607	0,82
Toluol	537,0	2,73
2,4,6-Trichlorphenol	4898	3,69
Vinylacetat	5,370	0,73
Zimtsäure	845,9	2,25

7 Gravimetrische Faktoren

Analyt	Wägeform	Faktor
Stoff 1	Stoff 2	
Ag	Ag_3AsO_4	0,6997
	AgBr	0,5745
	AgCl	0,7524
	AgI	0,4595
	Ag_2S	0,8705
Al	$Al(C_9H_6NO)_3$	0,05873
	Al_2O_3	0,5290
	$AlPO_4$	0,2211
As	Ag_3AsO_4	0,1620
	$Mg_2As_2O_7$	0,4826
	$MgNH_4AsO_4 \cdot 6\,H_2O$	0,2589
	$(MgNH_4AsO_4)_2 \cdot H_2O$	0,3369
Ba	$BaCO_3$	0,6959
	$BaCrO_4$	0,5420
	$BaSO_4$	0,5883
Bi	$Bi(C_9H_6NO)_3$	0,3258
	$Bi(C_9H_6NO)_3 \cdot H_2O$	0,3169
	Bi_2O_3	0,8970
	$BiPO_4$	0,6875
Br	AgBr	0,4255
C	$BaCO_3$	0,06087
	CO_2	0,2729
CO_2	$BaCO_3$	0,2231
Ca	$CaC_2O_4 \cdot H_2O$	0,2743
	CaF_2	0,5133
Cd	CdS	0,7784
Cl	AgCl	0,2472
Co	$Co\ (C_7H_6NO_2)_2$	0,1779
	$Co(C_9H_6NO)_2 \cdot 2\,H_2O$	0,1538
	Co_3O_4	0,7342
	$K_3[Co(NO_2)_6]$	0,1303

Analyt	Wägeform	Faktor
Stoff 1	Stoff 2	
Cr	$BaCrO_4$	0,2053
	$PbCrO_4$	0,1609
Cu	$Cu(C_7H_6NO_2)_2$	0,1892
	$Cu(C_9H_6NO)_2$	0,1806
	$CuC_{14}H_{11}NO_2$	0,2201
	CuO	0,7989
	CuS	0,6647
	Cu_2S	0,7987
	CuSCN	05226
F	CaF_2	0,4867
	SiF_4	0,7301
Fe	$Fe(C_9H_6NO)_3$	0,1144
	Fe_2O_3	0,6994
	Fe_3O_4	0,7234
I	AgI	0,5405
Mg	$Mg(C_9H_6NO)_2$	0,0777
	$Mg_2P_2O_7$	0,2184
Mn	MnO_2	0,6319
	$Mn_2P_2O_7$	0,3872
Ni	$Ni(C_4H_7N_2O_2)_2$	0,2031
P	$Mg_2P_2O_7$	0,2783
S	$BaSO_4$	0,1374
Sb	Sb_2O_3	0,8354
Si	SiO_2	0,4675
Sn	SnO_2	0,7877
Ti	TiO_2	0,5993
	$Ti_3(PO_4)_4$	0,2743
Zn	$Zn(C_9H_6NO)_2$	0,1848

8 Volumetrie (Maßanalyse)

8.1 Neutralisationstitration (Säure-Base-Titration)

Indikatoren für Neutralisationstitrationen

pH-Werte des Umschlagsbereichs ausgewählter Farbindikatoren
Farbe der Lösung vor, im und nach dem Äquivalenzpunkt

Indikator	vor	im Umschlagsbereich	nach
Thymolblau, 1. Umschl.	rot 1,2	orange	gelb 2,8
Dimethylgelb	rot 2,9	orange 3,9	gelb 4,0
Kongorot	blauviolett 3,0	blaurot 4,0	rot 5,2
Methylorange	rot 3,0	orange 4,0	orangegelb 4,4
Bromkresolgrün	gelb 3,8	grün	blau 5,4
Mischindikator nach Taschiro	violettblau 4,4	grau 5,4	grün 5,8
Methylrot	rot 4,2	orange 5,8	gelb 6,3
1,4-Nitrophenol	farblos 5,0		gelb 7,0
Lackmus	violettrot 5,0	blaurot 6,8	blau 8,0
Bromthymolblau	gelb 6,0	grün 7,0	blau 7,6
Neutralrot	rot 6,8	blassrosa 7,0	gelborange 8,0
Thymolblau, 2. Umschl.	gelb 8,0	grün	blau 9,6
Phenolphthalein	farblos 8,2	blassrosa 8,4	rot 10
Thymolphthalein	farblos 9,3	blassbläulich 10,0	blau 10,5
Tropäolin O	gelb 11,0		braunrot 13,0

Urtitersubstanzen

Maßsubstanz	Urtitersubstanz	Reaktion(en)
HCl	Natriumcarbonat Na_2CO_3	$HCl + Na_2CO_3 \rightarrow NaHCO_3 + NaCl$ $2\,HCl + Na_2CO_3 \rightarrow CO_2 + H_2O + 2\,NaCl$
$HClO_4$ in CH_3COOH	Kaliumhydrogenphthalat $C_6H_4(COOH)(COOK)$	$C_6H_4(COOH)(COOK) + HClO_4 \rightarrow$ $C_6H_4(COOH)_2 + KClO_4$
NaOH	Oxalsäuredihydrat Kaliumhydrogenphthalat	$2\,NaOH + H_2C_2O_4 \cdot 2\,H_2O \rightarrow Na_2C_2O_4 + 4\,H_2O$ $NaOH + C_8H_5O_4K \rightarrow C_8H_4O_4KNa + H_2O$

8.2 Äquivalentmassen bei Neutralisationstitrationen (Acidimetrie)

c: **Stoffmengenkonzentration der Maßlösung** in $mol \cdot L^{-1}$
m_{eq}: **maßanalytische Äquivalentmasse** in $mg \cdot mL^{-1}$

HCl | H_2SO_4 — $c(HCl) = 0{,}1000\ mol \cdot L^{-1}$ oder $c(H_2SO_4) = 0{,}0500\ mol \cdot L^{-1}$

Analyt	m_{eq} in $mg \cdot mL^{-1}$	Analyt	m_{eq} in $mg \cdot mL^{-1}$	Analyt	m_{eq} in $mg \cdot mL^{-1}$
$BaCO_3$	9,865	K_2CO_3	6,910	$NaHCO_3$	8,401
$Ba(OH)_2$	8,565	Li_2CO_3	3,698	NaOH	4,000
$CaCO_3$	5,005	Li_2O	1,497	$Na_2B_4O_7$	10,07
CaO	2,804	$MgCO_3$	4,216	$Na_2B_4O_7 \cdot 10\ H_2O$	19,07
$Ca(OH)_2$	3,704	N (titr. als NH_3)	1,401	Na_2CO_3	5,300
$KHCO_3$	10,01	NH_3	1,703	$Na_2CO_3 \cdot 10\ H_2O$	14,31
KOH	5,612	NH_4^+ (titr. als NH_3)	1,804	Na_2O	3,099

NaOH | KOH — $c(NaOH) = 0{,}1000\ mol \cdot L^{-1}$ oder $c(KOH) = 0{,}1000\ mol \cdot L^{-1}$

Analyt	m_{eq} in $mg \cdot mL^{-1}$	Analyt	m_{eq} in $mg \cdot mL^{-1}$	Analyt	m_{eq} in $mg \cdot mL^{-1}$
H_3BO_3	6,184	HCl	3,646	H_3PO_4 2)	4,900
HBr	8,090	HI	12,79	PO_4^{3-} 2)	4,749
HCOOH	4,603	HNO_3	6,303	P_2O_5 2)	3,548
CH_3COOH	6,004	H_3PO_4 1)	9,799	H_2SO_4	4,905
$(COOH)_2$	4,505	PO_4^{3-} 1)	9,497	SO_3	4,004
$(COOH)_2 \cdot 2\ H_2O$	6,305	P_2O_5 1)	7,095	SO_4^{2-}	4,804

1) 1. Stufe, Farbindikator, z. B. Bromkresolgrün   2) 2. Stufe, Farbindikator, z. B. Thymolphthalein

8.3 Äquivalentmassen bei Fällungstitrationen (Argentometrie)

$AgNO_3$ — $c(AgNO_3) = 0{,}1000\ mol \cdot L^{-1}$

Analyt	m_{eq} in $mg \cdot mL^{-1}$	Analyt	m_{eq} in $mg \cdot mL^{-1}$	Analyt	m_{eq} in $mg \cdot mL^{-1}$
Br^-	7,991	HCl	3,646	NaCN 1)	9,802
HBr	8,091	KCl	7,455	I^-	12,69
KBr	11,90	NH_4Cl	5,349	HI	12,79
NaBr	10,29	NaCl	5,844	KI	16,60
Cl^-	3,545	CN^- 1)	5,204	NaI	14,99
$BaCl_2$	10,41	HCN 1)	5,406	KSCN	9,719
$CaCl_2$	5,550	KCN 1)	13,02	NH_4SCN	7,613

1) Titrationsverfahren nach *Liebig* über Komplexbildung und Fällung.

NaCl — $c(NaCl) = 0{,}1000\ mol \cdot L^{-1}$

Analyt	m_{eq} in $mg \cdot mL^{-1}$
Ag^+	10,79

NH_4SCN — $c(NH_4SCN) = 0{,}1000\ mol \cdot L^{-1}$

Analyt	m_{eq} in $mg \cdot mL^{-1}$
Ag^+	10,79

8.4 Äquivalentmassen bei komplexometrischen Titrationen

Titrationsmethoden:
D: direkte Titration
R: Rücktitration
S: Substitutionstitration
I: indirekte Titration

Ausgewählte Indikatoren:
ET: Eriochromschwarz T
XO: Xylenolorange
PP: Phthaleinpurpur
CC: Calconcarbonsäure
PN: PAN, 1-(2-Pyridylazo)-2-naphthol
PR: PAR, 4-(2-Pyridylazo)resorcin
PI: Tiron
DN: 3,3'-Dimethylnaphtidin
MT: Methylthymolblau

EDTA — $c(\text{EDTA}) = 0{,}0200\ \text{mol} \cdot \text{L}^{-1}$

Analyt	Methode, Indikator	m_{eq} in $\text{mg} \cdot \text{mL}^{-1}$	Analyt	Methode, Indikator	m_{eq} in $\text{mg} \cdot \text{mL}^{-1}$	Analyt	Methode, Indikator	m_{eq} in $\text{mg} \cdot \text{mL}^{-1}$
Ag^+	S, ET	2,157	Cd^{2+}	D, PN	2,248	Na^+	I, DN	0,4598
Al^{3+}	S, XO	0,5396	Co^{2+}	R, ET	1,179	Ni^{2+}	R, ET	1,174
As(III, V)	S, ET	1,498	Cu^+, Cu^{2+}	D, PR	1,271	Pb^{2+}	D, MT	4,144
Au^+, Au^{3+}	S, ET	3,940	Fe^{2+}, Fe^{3+}	D, PI, XO	1,117	Sb(III, V)		2,436
Ba^{2+}	D, PP	2,746	Hg^+, Hg^{2+}	D, ET, XO	4,012	Tl^+, Tl^{3+}	D, PN	4,088
Bi^{3+}	D, XO	4,180	Mg^{2+}	D, ET	0,4862	Zn^{2+}	D, DN	1,308
Ca^{2+}	D, CC	0,8016	Mn^{2+}	D, ET	1,099			

Anionen werden durch Rücktitration mit EDTA indirekt bestimmt.

EDTA — $c(\text{EDTA}) = 0{,}0200\ \text{mol} \cdot \text{L}^{-1}$

Analyt	Reaktion Analyt/Hilfsstoff	Rücktitration	m_{eq} in $\text{mg} \cdot \text{mL}^{-1}$
Br^-	$Br^- + Ag^+ \rightarrow AgBr$ [1]	Ag^+ / EDTA	1,598
Cl^-	$2\,Cl^- + Hg^{2+} \rightarrow HgCl_2$ [2]	Hg^+ / EDTA	1,418
CN^-	$4\,CN^- + Ni^{2+} \rightarrow [Ni(CN)_4]^{2-}$ [2]	Ni^{2+} / EDTA	2,082
F^-	$2\,F^- + Ca^{2+} \rightarrow CaF_2$ [1]	Ca^{2+} / EDTA	0,7600
I^-	$I^- + Ag^+ \rightarrow AgI$ [1]	Ag^+ / EDTA	2,538
MoO_4^{2-}	$MoO_4^{2-} + Pb^{2+} \rightarrow PbMoO_4$ [1] [3]	Pb^{2+} / EDTA	3,200
PO_4^{3-}	$PO_4^{3-} + Mg^{2+} + NH_4^+ \rightarrow Mg(NH_4)PO_4$ [1]	Mg^{2+} / EDTA / $ZnSO_4$	1,899
P_2O_5	$Mg(NH_4)PO_4 \cdot 6\,H_2O$ [1]		1,419
SO_4^{2-}	$SO_4^{2-} + Ba^{2+} \rightarrow BaSO_4$ [1]	Ba^{2+} / EDTA / $ZnSO_4$	1,921

[1]) schwer löslich [2]) wenig dissoziiert [3]) Titration mit Indikator PAR

Indikatoren für komplexometrische Titrationen

Kurzname	pH-Bereich	Farbumschlag	Typische Analyte
Xylenolorange	0 … 6	gelb → rot	Bi, Cd, Co, Cu, Fe, Hg, In, Pb, Sc, Th, Ti(III), Tl, V(V), Zn, Zr, seltene Erden
Eriochromschwarz T	7 … 11	rot → blau	Al, Ba, Ca, Cd, In, Mg, Mn, Pb, Sc, Sr, Zn, Zr, seltene Erden
Calconcarbonsäure	> 12	weinrot → blau	Selektiv für Ca in Gegenwart von Mg
Murexid	9 … 11	rotviolett → blauviolett	Ni, Co, Cu, Ca

8.5 Äquivalentmassen bei Redoxtitrationen

$c(KMnO_4)$ = 0,0200 mol · L^{-1} — **$KMnO_4$**

Analyt	m_{eq} in mg · mL^{-1}	Analyt	m_{eq} in mg · mL^{-1}	Analyt	m_{eq} in mg · mL^{-1}
Ca^{2+}	2,004	$FeCl_2$	12,68	H_2O_2	1,701
$CaCO_3$	5,005	$FeCl_3$	16,22	KNO_2	4,255
CaO	2,804	$FeSO_4 \cdot 7\,H_2O$	27,80	Mn^{2+} [1])	1,648
$(COOH)_2$	4,502	FeO	7,185	MnO_2 [2])	2,608
$(COOH)_2 \cdot 2\,H_2O$	6,305	Fe_2O_3	7,985	$(NH_4)_2Fe(SO_4)_2 \cdot 6\,H_2O$	39,22
Cr(III, VI)	1,733	HCOOH	2,302	NO_2	2,301
Fe(II, III)	5,585	HNO_2	2,351		

[1]) Titration nach *Volhard-Wolff-Fischer* in neutraler Lösung.
[2]) Versetzen mit überschüssiger eingestellter Oxalsäure. Rücktitration des Überschusses mit $KMnO_4$

$c(KI \cdot I_2)$ = 0,0500 mol · L^{-1} oder $c(Na_2S_2O_3)$ = 0,1000 mol · L^{-1} — **$KI \cdot I_2$** | **$Na_2S_2O_3$**

Analyt	m_{eq} in mg · mL^{-1}	Analyt	m_{eq} in mg · mL^{-1}	Analyt	m_{eq} in mg · mL^{-1}
As(III, V)	3,746	$KClO_3$	2,043	$CuSO_4 \cdot 5\,H_2O$	24,97
As_2O_3	4,945	Cr(III, VI)	1,733	Hg(I, II)	10,03
AsO_3^{3-}	6,145	CrO_3	3,333	H_2O_2	1,701
AsO_4^{3-}	6,945	Cr_2O_3	2,533	H_2S	1,705
BrO_3^-	2,132	CrO_4^{2-}	3,867	H_2SO_3	4,105
$HBrO_3$	2,148	K_2CrO_4	6,473	$Na_2S_2O_3$	15,81
$KBrO_3$	2,783	$Cr_2O_7^{2-}$	3,600	$Na_2S_2O_3 \cdot 5\,H_2O$	24,82
ClO_3^-	1,391	Cu(I, II)	6,355	S^{2-}	1,604
$HClO_3$	1,408	$CuSO_4$	15,96	SO_3^{2-}	4,004

$c(Ce(SO_4)_2)$ = 0,1000 mol · L^{-1} — **$Ce(SO_4)_2$**

Analyt		m_{eq} in mg · mL^{-1}
Fe(II)		5,585
$C_4H_6O_6$	Weinsäure	1,501
$C_6H_{12}O_6$	Glucose	0,7509

$c(TiCl_3)$ = 0,1000 mol · L^{-1} — **$TiCl_3$** Reduktionsmittel

Analyt	m_{eq} in mg · mL^{-1}
Fe(III)	5,585

$c(KBrO_3)$ = 0,0167 mol · L — **$KBrO_3$**

Analyt	m_{eq} in mg · mL^{-1}	Analyt	m_{eq} in mg · mL^{-1}
Al^{3+} [1])	0,2249	Mg^{2+} [1])	0,3038
As(III, V)	3,745	Sb(III, V)	6,088
As_2O_3	4,943	Sb_2O_3	7,278
Bi^{3+} [1])	1,742	Th^{4+} [1])	1,450
$C_9H_6ON^-$ Oxin-Ion	3,604	Zn^{2+} [1])	0,8174

[1]) Als Salze des 8-Hydroxychinolins, als Oxinate, gefällt, in Salzsäure gelöst und – nach Zusatz von KBr – bei der Titration in das 5,7-Dibromderivat des Oxins überführt.

9 Elektrochemie

9.1 Leitfähigkeit von Kaliumchlorid-Standardlösungen bei 25 °C

$c(KCl)$ in $mol \cdot L^{-1}$	1,000	0,5000	0,2000	0,1000	0,0500	0,0200	0,0100	0,0050
κ in $mS \cdot cm^{-1}$	112	60,1	24,9	12,9	6,67	2,76	1,41	0,716

9.2 Molare Leitfähigkeiten von Elektrolyten

c in $mol \cdot L^{-1}$		1	10^{-1}	$5 \cdot 10^{-2}$	$2 \cdot 10^{-2}$	10^{-2}	$5 \cdot 10^{-3}$	10^{-3}	$5 \cdot 10^{-4}$	Λ^0 in $S \cdot cm^2 \cdot mol^{-1}$
Elektrolyt	ϑ in °C	Λ in $S \cdot cm^2 \cdot mol^{-1}$								
HCl	19	301	351			370		377		381,3
	25		391,3	399,1	407,2	412,0	415,8	421,4	422,7	
HNO_3	19	300	350			368		375		377
CH_3COOH	19	1,3	4,6			14,3		41		349,5
	25		5,26	7,26	11,3	16,0	22,4	58,1	66,4	
KOH	19	184	213			228		234		237,7
NaOH	19	160	183			200		208		217,4
NH_3 (aq)	19	0,89	3,3			9,6		28		242
$AgNO_3$	19	50,8	94,3			107,8		113,15		115,8
	25		109,14	115,24	121,41	124,76	127,20	130,51	131,36	
KBr	19		114,2			124,4		129,4		132,3
KCl	19	98,3	112,0			122,4		127,3		130,0
	25		128,96	133,37	138,34	141,27	143,55	146,95	147,81	
KI	19	103,6	114,0			123,4		128,2		131,1
KNO_3	19	80,5	104,8			118,2		123,7		126,5
NaCl	19	74,35	92,0			101,95		106,5		109,0
$NaNO_3$	19		87,2			98,2		102,85		105,3

9.3 Ionenäquivalentleitfähigkeit

Angegeben ist die molare Grenzleitfähigkeit von Ionen λ_+^0 bzw. λ_-^0, d. h. die molare Ionenäquivalentleitfähigkeit bei theoretisch unendlicher Verdünnung. Um die molare Leitfähigkeit der Ionen λ_+ bzw. λ_- zu erhalten, sind die Werte mit der Ladungszahl *z* zu multiplizieren.

Kation	λ_+^0 bzw. λ_-^0	
	18 °C	25 °C
	in $S \cdot cm^2 \cdot mol^{-1}$	
Ag^+	54	61,9
⅓ Al^{3+}	40	63
½ Ba^{2+}	55	63,6
½ Be^{2+}		45
½ Ca^{2+}	52	59,5
½ Cd^{2+}	46	54
½ Co^{2+}	44	55
½ CrO_4^{2-}	72	84
Cs^+	68	77,2
½ Cu^{2+}	46	56,6
½ Fe^{2+}	44,5	53,5
⅓ Fe^{3+}	61	68
H_3O^+	315	350
K^+	65	73,5
Li^+	34	39
½ Mg^{2+}	46	53
½ Mn^{2+}	44	53,5
NH_4^+	65	73,5
Na^+	44	50,1
½ Ni^{2+}	45	54
½ Pb^{2+}	61	70
Rb^+	68	77,8
½ Sr^{2+}	51	59,4
½ Zn^{2+}	47	52,8

Anion	λ_+^0 bzw. λ_-^0	
	18 °C	25 °C
	in $S \cdot cm^2 \cdot mol^{-1}$	
Br^-	67	78,1
CN^-		78
½ CO_3^{2-}	60	69
HCO_3^-		44,5
$HCOO^-$	47	54,4
CH_3COO^-		40,9
$C_2H_5COO^-$	35,0	35,8
½ $C_2O_4^{2-}$		74,2
½ $C_6H_4(COO)_2^{2-}$ Phthalat-Ion	63	38
$C_6H_5COO^-$		32,4
Cl^-	66	76,4
½ CrO_4^{2-}	72	84
F^-	47	55,4
I^-	66	76,8
MnO_4^-	53	61
NO_2^-	59	72
NO_3^-	62	71,5
OH^-	173	198
½ S^{2-}		54
HS^-	57	65
SCN^-	57	66
½ SO_4^{2-}	68,5	80

9.4 Standardpotentiale (Normalpotentiale)

E^0 in V	Redoxsystem
−3,04	**Li** $\leftrightarrows$ $Li^+ + e^-$
−2,91	**K** $\leftrightarrows$ $K^+ + e^-$
−2,92	**Rb** $\leftrightarrows$ $Rb^+ + e^-$
−2,92	**Ba** $\leftrightarrows$ $Ba^{2+} + 2\,e^-$
−2,87	**Ca** $\leftrightarrows$ $Ca^{2+} + 2\,e^-$
−2,71	**Na** $\leftrightarrows$ $Na^+ + e^-$
−2,37	**Mg** $\leftrightarrows$ $Mg^{2+} + 2\,e^-$
−1,85	**Be** $\leftrightarrows$ $Be^{2+} + 2\,e^-$
−1,66	**Al** $\leftrightarrows$ $Al^{3+} + 3\,e^-$
−1,21	**Ti** $\leftrightarrows$ $Ti^{4+} + 4\,e^-$
−1,18	**Mn** $\leftrightarrows$ $Mn^{2+} + 2\,e^-$
−0,92	**Se** + Se^{2-} $\leftrightarrows$ $2\,Se^-$

E^0 in V	Redoxsystem
−0,76	**Zn** $\leftrightarrows$ $Zn^{2+} + 2\,e^-$
−0,74	**Cr** $\leftrightarrows$ $Cr^{3+} + 3\,e^-$
−0,52	**Ga** $\leftrightarrows$ $Ga^{3+} + 3\,e^-$
−0,48	**S** + $2\,e^-$ $\leftrightarrows$ S^{2-}
−0,44	**Fe** $\leftrightarrows$ $Fe^{2+} + 2\,e^-$
−0,40	**Cd** $\leftrightarrows$ $Cd^{2+} + 2\,e^-$
−0,28	**Co** $\leftrightarrows$ $Co^{2+} + 2\,e^-$
−0,25	**Ni** $\leftrightarrows$ $Ni^{2+} + 2\,e^-$
−0,14	**Sn** $\leftrightarrows$ $Sn^{2+} + 2\,e^-$
−0,13	**Pb** $\leftrightarrows$ $Pb^{2+} + 2\,e^-$
±0,00	$\mathbf{H_2}$ $\leftrightarrows$ $2\,H^+ + 2\,e^-$
+0,21	**Sb** $\leftrightarrows$ $Sb^{3+} + 3\,e^-$

E^0 in V	Redoxsystem
+0,30	**As** $\leftrightarrows$ $As^{3+} + 3\,e^-$
+0,32	**Bi** $\leftrightarrows$ $Bi^{3+} + 3\,e^-$
+0,35	**Cu** $\leftrightarrows$ $Cu^{2+} + 2\,e^-$
+0,54	$\mathbf{I_2}$ + $2\,e^-$ $\leftrightarrows$ $2\,I^-$
+0,81	**Ag** $\leftrightarrows$ $Ag^+ + e^-$
+0,85	**Hg** $\leftrightarrows$ $Hg^{2+} + 2\,e^-$
+1,07	$\mathbf{Br_2}$ + $2\,e^-$ $\leftrightarrows$ $2\,Br^-$
+1,16	**Ir** $\leftrightarrows$ $Ir^{3+} + 3\,e^-$
+1,36	$\mathbf{Cl_2}$ + $2\,e^-$ $\leftrightarrows$ $2\,Cl^-$
+1,50	**Au** $\leftrightarrows$ $Au^{3+} + 3\,e^-$
+1,60	**Pt** $\leftrightarrows$ $Pt^{2+} + 2\,e^-$
+2,75	$\mathbf{F_2}$ + $2\,e^-$ $\leftrightarrows$ $2\,F^-$

E^0 in V	Redoxsystem		
–0,90	$SO_3^{2-} + 2\,OH^-$	⇆	$SO_4^{2-} + H_2O + 2\,e^-$
–0,82	$H_2 + 2\,OH^-$	⇆	$2\,H_2O + 2\,e^-$
–0,71	$2\,AsO_3^{3-} + 4\,OH^-$	⇆	$2\,AsO_4^{3-} + 2\,H_2O + 4\,e^-$
–0,41	Cr^{2+}	⇆	$Cr^{3+} + e^-$
–0,04	Ti^{3+}	⇆	$Ti^{4+} + e^-$
±0,00	H_2	⇆	$2\,H^+ + 2\,e^-$
+0,15	Sn^{2+}	⇆	$Sn^{4+} + 2\,e^-$
+0,15	Cu^+	⇆	$Cu^{2+} + e^-$
+0,17	$H_2SO_3 + H_2O$	⇆	$SO_4^{2-} + 4\,H^+ + 2\,e^-$
+0,17	$2\,S_2O_3^{2-}$	⇆	$S_4O_6^{2-} + 2\,e^-$
+0,36	$[Fe(CN)_6]^{4-}$	⇆	$[Fe(CN)_6]^{3-} + e^-$
+0,40	$4\,OH^-$	⇆	$O_2 + 2\,H_2O + 4\,e^-$
+0,54	$2\,I^-$	⇆	$I_2 + 2\,e^-$
+0,54	$Br^- + 6\,OH^-$	⇆	$BrO_3^- + 3\,H_2O + 6\,e^-$
+0,54	MnO_4^{2-}	⇆	$MnO_4^- + e^-$
+0,68	H_2O_2	⇆	$O_2 + 2\,H^+ + 2\,e^-$
+0,77	Fe^{2+}	⇆	$Fe^{3+} + e^-$
+0,91	Hg_2^{2+}	⇆	$2\,Hg^{2+} + 2\,e^-$
+0,94	$HNO_2 + H_2O$	⇆	$NO_3^- + 3\,H^+ + 2\,e^-$
+0,96	$NO + 2\,H_2O$	⇆	$NO_3^- + 4\,H^+ + 3\,e^-$
+1,23	$2\,H_2O$	⇆	$O_2 + 4\,H^+ + 4\,e^-$
+1,23	$Mn^{2+} + 2\,H_2O$	⇆	$MnO_2 + 4\,H^+ + 2\,e^-$
+1,28	Ce^{3+}	⇆	$Ce^{4+} + e^-$
+1,30	$Cr^{3+} + 4\,H_2O$	⇆	$HCrO_4^- + 7\,H^+ + 3\,e^-$
+1,36	$2\,Cr^{3+} + 7\,H_2O$	⇆	$Cr_2O_7^{2-} + 14\,H^+ + 6\,e^-$
+1,44	$Cl^- + 3\,H_2O$	⇆	$ClO_3^- + 6\,H^+ + 6\,e^-$
+1,47	$\frac{1}{2}\,Cl_2 + 3\,H_2O$	⇆	$ClO_3^- + 6\,H^+ + 5\,e^-$
+1,47	$Pb^{2+} + 2\,H_2O$	⇆	$PbO_2 + 4\,H^+ + 2\,e^-$
+1,51	$\frac{1}{2}\,Br_2 + 3\,H_2O$	⇆	$BrO_3^- + 6\,H^+ + 5\,e^-$
+1,51	$Mn^{2+} + 4\,H_2O$	⇆	$MnO_4^- + 8\,H^+ + 5\,e^-$
+1,59	$\frac{1}{2}\,Cl_2 + H_2O$	⇆	$HOCl + H^+ + e^-$
+1,70	$PbSO_4 + 2\,H_2O$	⇆	$PbO_2 + SO_4^{2-} + 4\,H^+ + 2\,e^-$
+1,77	$2\,H_2O$	⇆	$H_2O_2 + 2\,H^+ + 2\,e^-$
+1,80	Pb^{2+}	⇆	$Pb^{4+} + 2\,e^-$
+1,81	Co^{2+}	⇆	$Co^{3+} + e^-$
+2,01	$2\,SO_4^{2-}$	⇆	$S_2O_8^{2-} + 2\,e^-$
+2,07	$O_2 + H_2O$	⇆	$O_3 + 2\,H^+ + 2\,e^-$

10 Spektrometrie (Fotometrie, AAS, ICP-OES, ICP-MS, RFA)

10.1 Fotometrie

Charakteristische Absorptionswellenlängen von Molekülen

Molekül	Ethen	1,3-Butadien	2,4-Hexadien	1,3,5-Hexatrien	Benzol	4-Nitrophenol
λ in nm	165	217	227	258	204 254	312

Molekül	β-Carotin	α-Chlorophyll	β-Chlorophyll	Hämoglobin	NAD^+	NADH	Ozon
λ in nm	466 497	430 660	450 640	680	260	340	254

NAD^+: Nicotin-Adenin-Dinucleotid, reduzierte Form: NADH

Charakteristische Absorptionsmaxima von Lebensmittelfarbstoffen

Farbstoff-Nr.	E101	E102	E104	E110	E122	E123
Handelsname	Riboflavin	Tartrazin	Chinolin-gelb	Gelborange	Azorubin	Amaranth
Farbe	gelb	zitronen-gelb	grüngelb	orange	blaurot	blaurot
λ in nm	445	426	412	485	516	520

Farbstoff-Nr.	E124	E131	E132	E142	E151	E155
Handelsname	Ponceau4R	Patentblau	Indigotin	Brillant-säuregrün	Brillant-schwarz	Brown HT
Farbe	scharlach-rot	grünblau	purpurblau	grün	blauviolett	braun
λ in nm	505	639	610	632	570	463

10.2 Atomabsorptionsspektrometrie (AAS)

λ: **Wellenlänge der wichtigsten Resonanzlinie** in nm
Spalt: **typische Spaltbreite des Monochromators** in nm
Oxid.: **oxidierendes Gas für Flammen-AAS**
$\beta_{charakt}$: **charakteristische Konzentration bei Flammen-AAS** in $mg \cdot L^{-1}$
$m_{charakt}$: **charakteristische Masse in pg bei Grafitrohr-AAS** (bezogen auf Standard-THGA-Rohre)
$\vartheta_{th.VB}$: **Temperatur für die thermische Vorbehandlung** in °C
$\vartheta_{Atom.}$: **Temperatur für die Atomisation** in °C

Die Angaben in der Tabelle sind vom jeweiligen Gerätemodell abhängig und dienen daher der Orientierung.

			Flammen-AAS		Grafitrohr-AAS			
Elem.	**λ in nm**	**Spalt in nm**	**Oxid.**	**$\beta_{charakt}$ in $mg \cdot L^{-1}$**	**$m_{charakt}$ in pg**	**$\vartheta_{th.VB}$ in °C**	**$\vartheta_{Atom.}$ in °C**	**Matrix-Modifizierer**
Ag	328,1	0,7	Luft	0,054	4,5	800	1700	5 µg Pd + 3 µg $Mg(NO_3)_2$
Al	309,3	0,7	N_2O	1,1	31	1200	2300	15 µg $Mg(NO_3)_2$
As	193,7	0,7	Luft	1,0	40	1200	2000	5 µg Pd + 3 µg $Mg(NO_3)_2$
Au	242,8	0,7	Luft	0,33	18	800	1800	5 µg Pd + 3 µg $Mg(NO_3)_2$
B	249,7	0,7	N_2O	13,0	600	1300	2500	5 µg Ca
Ba	553,6	0,2	N_2O	0,46	15	1200	2300	5 µg Ca
Be	234,9	0,7	N_2O	0,025	2,5	1500	2300	15 µg $Mg(NO_3)_2$
Bi	223,1	0,2	Luft	0,45	60	1100	1700	5 µg Pd + 3 µg $Mg(NO_3)_2$
Ca	422,7	0,7	Luft	0,092	1,0	1100	2500	–
Cd	228,8	0,7	Luft	0,028	1,3	500	1500	50 µg $NH_4H_2PO_4$ + 3 µg $Mg(NO_3)_2$
Co	240,7	0,2	Luft	0,12	17	1400	2400	15 µg $Mg(NO_3)_2$
Cr	357,9	0,7	Luft	0,078	7	1500	2300	15 µg $Mg(NO_3)_2$
Cu	324,8	0,7	Luft	0,077	17	1200	2000	5 µg Pd + 3 µg $Mg(NO_3)_2$
Fe	248,3	0,2	Luft	0,11	12	1400	2100	15 µg $Mg(NO_3)_2$
Ga	287,4	0,7	N_2O	1,3	50	1200	2300	5 µg Pd + 3 µg $Mg(NO_3)_2$
Ge	265,1	0,2	N_2O	2,2	25	1500	2300	5 µg Pd + 3 µg $Mg(NO_3)_2$
Hg	253,7	0,7	Luft	4,2	220	250	1300	5 µg Pd + 3 µg $Mg(NO_3)_2$
In	303,9	0,7	Luft	0,76	80	1200	2100	5 µg Pd + 3 µg $Mg(NO_3)_2$
K	766,5	0,7	Luft	0,043	2	900	1500	–
Li	670,8	0,7	Luft	0,035	5,5	900	2200	–
Mg	285,2	0,7	Luft	0,0078	0,4	800	1900	–
Mn	279,5	0,2	Luft	0,052	6,3	1300	1900	5 µg Pd + 3 µg $Mg(NO_3)_2$
Mo	313,3	0,7	N_2O	0,67	12	1500	2450	–
Na	589,0	0,2	Luft	0,012	1,2	900	1500	–
Ni	232,0	0,2	Luft	0,14	20	1100	2300	5 µg Pd
Pb	283,3	0,7	Luft	0,45	30	850	1600	50 µg $NH_4H_2PO_4$ + 3 µg $Mg(NO_3)_2$
Pd	244,8	0,2	Luft	0,22	52	900	2200	–
Pt	265,9	0,7	Luft	2,2	220	1300	2200	–
Sb	217,6	0,2	Luft	0,55	55	1300	1900	5 µg Pd + 3 µg $Mg(NO_3)_2$
Se	196,0	0,7	Luft	0,59	45	1300	1900	5 µg Pd + 3 µg $Mg(NO_3)_2$
Si	251,6	0,2	N_2O	2,1	120	1200	2350	15 µg $Mg(NO_3)_2$
Sn	286,3	0,7	N_2O	3,2	90	1400	2200	5 µg Pd + 3 µg $Mg(NO_3)_2$
Sr	460,7	0,2	N_2O	0,11	4	1300	2400	–
Te	214,3	0,2	Luft	0,43	50	1200	1800	5 µg Pd + 3 µg $Mg(NO_3)_2$
Ti	364,3	0,2	N_2O	1,8	70	1500	2500	–
Tl	276,8	0,7	Luft	0,67	53	700	1600	5 µg Pd + 3 µg $Mg(NO_3)_2$
V	318,4	0,7	N_2O	1,9	42	1200	2400	5 µg Pd + 3 µg $Mg(NO_3)_2$
W	255,1	0,2	N_2O	9,6	–	–	–	–
Zn	213,9	0,7	Luft	0,018	1,0	700	1800	5 µg $Mg(NO_3)_2$

10.3 Optische Emissionsspektrometrie (OES)

Auswahl von Emissionslinien für die Analyse mit ICP-OES

I: Atomlinien; II: Ionenlinien; BEC: Untergrund-Äquivalentkonzentration, Background equivalent concentration; Rel. Int.: relative Intensität der Emissionslinie; Störer: Elemente, die zu spektralen Interferenzen führen können.

Elem.	Linie in nm	BEC in $mg \cdot L^{-1}$	Rel. Int.	Mögl. Störer	Linie in nm	BEC in $mg \cdot L^{-1}$	Rel. Int.	Mögl. Störer
Ag	Ag I: 328,068	0,26	170 000	Fe, Mn, Zr	Ag I: 338,289	0,4	82 000	Cr, Fe, Zr
Al	Al I: 396,153	1,0	64 000	Fe, Mo, Zr	Al I: 308,215	1,5	23 000	Fe, Mn, V
As	As I: 188,979	4,6	2 100	Al, Cr, Fe	As I: 193,696	1,8	5 800	Al, Co, Fe
Au	Au I: 267,595	1,0	35 000	Nb, Ta, Cr	Au I: 242,795	0,6	27 000	Os, Pt, Co
Ba	Ba II: 233,527	0,13	150 000	Fe, V	Ba II: 455,403	0,04	1 400 000	Cs, Ru, Zr
Bi	Bi I: 223,061	1,2	13 000	Co, Cu, Ti	Bi II: 190,171	10	850	–
Ca	Ca II: 317,933	0,3	99 000	Fe, V	Ca II: 315,887	0,7	40 000	Co, Mo
Cd	Cd I: 228,802	0,09	150 000	As, Co, Sc	Cd II: 214,441	0,08	140 000	As, Fe, Sb
Co	Co II: 228,616	0,23	65 000	Ti, Cr, Ni	Co II: 238,892	0,2	72 000	Fe, V
Cr	Cr II: 267,716	0,24	130 000	Mn, P, V	Cr II: 205,552	0,2	64 000	Mo, Ni, Ti
Cu	Cu I: 327,393	0,3	91 000	Co, Ti	Cu I: 324,752	0,18	180 000	Cr, Fe, Ti
Fe	Fe II: 238,204	0,15	110 000	Co, In, Ir	Fe II: 239,562	0,17	89 000	Co
Ge	Ge I: 209,426	1,3	8 600	–	Ge I: 265,118	1,6	15 000	Ir, Re
Hg	Hg I: 253,652	2,0	11 000	–	Hg II: 194,168	0,8	8 000	V, Co
K	K I: 766,490	7,1	1 400	Ar, Ba, Mg	K I: 404,721	1400	700	U, Ce
La	La II: 408,672	0,3	210 000	–	La II: 379,478	0,3	150 000	Cu
Li	Li I: 670,784	0,1	380 000	Ar	Li I: 610,362	1,5	34 000	–
Mg	Mg I: 285,213	0,05	750 000	Cr, Fe	Mg II: 279,077	1,0	29 000	Fe, Ce, Li
Mn	Mn II: 257,610	0,05	580 000	Cr, Fe, Mo	Mn II: 259,372	0,05	480 000	Fe, Mo
Mo	Mo II: 202,031	0,26	46 000	Al, Fe, Ni	Mo II: 203,845	0,4	30 000	–
Na	Na I: 589,592	2,3	22 000	Ba	Na I: 330,237	62	640	Zn
Ni	Ni II: 231,604	0,5	27 000	Co, Sb	Ni II: 221,648	0,3	55 000	Si, Mo, Co
P	P I: 213,617	2,6	5 400	Co, Cu, Zn	P I: 214,914	2,6	5 400	Co, Cu, Fe
Pb	Pb II: 220,353	1,4	13 000	Ti, Co	Pb I: 217,000	3,0	4 900	Al, Co, Fe
Pd	Pd I: 340,458	1,5	26 000	Ce, Th, Zr	Pd I: 363,470	1,8	22 000	–
Pt	Pt I: 265,945	2,7	8 900	–	Pt II: 214,423	0,03	14 000	W, As, Ir
S	S I: 181,975			Cr, Mo	S I: 180,669	0,3		As, Ca
Sb	Sb I: 206,836	1,1	12 000	Fe, Mg, Mn	Sb I: 217,582	1,5	10 000	Fe, Ir
Sc	Sc II: 361,383	0,05	1 200 000	–	Sc II: 357,253	0,07	940 000	–
Se	Se I: 196,026	2,5	4 300	Fe, Bi	Se I: 203,985	3,9	3 200	Cr, Sb, Mn
Si	Si I: 251,611	0,4	51 000	Hf	Si I: 212,412	0,56	11 000	Mo
Sn	Sn II: 189,927	0,8	7 000	–	Sn I: 235,485	3,2	6 000	Cd, Mo, Co
Sr	Sr II: 407,771	0,01	3 300 000	Cr, Ce, U	Sr II: 421,552	0,03	2 300 000	Rb
Ti	Ti II: 334,940	0,13	370 000	Cr, Nb, Ta	Ti II: 336,121	0,18	220 000	W, Mo
Tl	Tl II: 190,801	1,4	7 800	–	Tl I: 276,787	4,0	5 400	Fe, Ta, V
V	V II: 290,880	0,3	140 000	Fe, Mo	V II: 310,230	0,2	170 000	Cr, Mg, Ni
W	W II: 207,912	1,0	13 000	Ni, Mo, V	W II: 224,876	0,04	9 300	Rh, Ag
Y	Y II: 371,029	0,12	380 000	Ce	Y II: 324,227	0,15	180 000	–
Zn	Zn II: 206,200	0,2	54 000	Cr, Mo, Mg	Zn I: 213,857	0,06	240 000	Cu, Fe, Ni

10.4 ICP-Massenspektrometrie

Auswahl möglicher Interferenzen bei ICP-MS

- durch einfach geladene Nuklide gleicher Masse (isobare Interferenzen)
- durch einfach geladene Molekülionen (polyatomare Interferenzen)
- durch mehrfach geladene Ionen

Elem.	Häufigste Nuklide und Auswahl typischer Interferenzen
Ag	$\mathbf{^{107}Ag^{+}}$: $^{91}Zr^{16}O^{+}$ $\mathbf{^{109}Ag^{+}}$: $^{92}Zr^{16}O^{1}H^{+}$
Al	$\mathbf{^{27}Al^{+}}$: $^{12}C^{15}N^{+}$, $^{13}C^{14}N^{+}$, $^{1}H^{12}C^{14}N^{+}$, $^{11}B^{16}O^{+}$, $^{54}Cr^{2+}$, $^{54}Fe^{2+}$
As	$\mathbf{^{75}As^{+}}$: $^{40}Ar^{35}Cl^{+}$, $^{59}Co^{16}O^{+}$, $^{36}Ar^{39}K^{+}$, $^{150}Nd^{2+}$, $^{150}Sm^{2+}$
Au	$\mathbf{^{197}Au^{+}}$: $^{181}Ta^{16}O^{+}$
Ba	$\mathbf{^{138}Ba^{+}}$: $^{122}Sn^{16}O^{+}$, $^{122}Te^{16}O^{+}$ $\mathbf{^{136}Ba^{+}}$: $^{136}Ce^{+}$, $^{120}Sn^{16}O^{+}$
Be	$\mathbf{^{9}Be^{+}}$: $^{18}O^{2+}$
Bi	$\mathbf{^{209}Bi^{+}}$: $^{193}Ir^{16}O^{+}$
Ca	$\mathbf{^{40}Ca^{+}}$: $^{40}Ar^{+}$ $\mathbf{^{44}Ca^{+}}$: $^{12}C^{16}O_2^{+}$, $^{28}Si^{16}O^{+}$, $^{88}Sr^{2+}$ $\mathbf{^{42}Ca^{+}}$: $^{40}Ar^{1}H_2^{+}$
Cd	$\mathbf{^{114}Cd^{+}}$: $^{79}Br^{35}Cl^{+}$, $^{40}Ar^{74}Ge^{+}$, $^{98}Mo^{16}O^{+}$ $\mathbf{^{112}Cd^{+}}$: $^{40}Ar_2{}^{16}O_2^{+}$, $^{40}Ar^{72}Ge^{+}$
Ce	$\mathbf{^{140}Ce^{+}}$: $^{124}Sn^{16}O^{+}$, $^{124}Te^{16}O^{+}$
Co	$\mathbf{^{59}Co^{+}}$: $^{42}Ca^{16}O^{1}H^{+}$, $^{40}Ar^{18}O^{1}H^{+}$, $^{36}Ar^{23}Na^{+}$, $^{24}Mg^{35}Cl^{+}$, $^{118}Sn^{2+}$
Cr	$\mathbf{^{52}Cr^{+}}$: $^{40}Ar^{12}C^{+}$, $^{36}S^{16}O^{+}$, $^{36}Ar^{16}O^{+}$ $\mathbf{^{53}Cr^{+}}$: $^{37}Cl^{16}O^{+}$, $^{40}Ar^{13}C^{+}$ $\mathbf{^{50}Cr^{+}}$: $^{34}S^{16}O^{+}$, $^{36}Ar^{14}N^{+}$, $^{35}Cl^{15}N^{+}$
Cu	$\mathbf{^{63}Cu^{+}}$: $^{31}P^{16}O_2^{+}$, $^{40}Ar^{23}Na^{+}$, $^{23}Na^{40}Ca^{+}$ $\mathbf{^{65}Cu^{+}}$: $^{32}S^{16}O_2{}^{1}H^{+}$, $^{32}S^{33}S^{+}$, $^{40}Ar^{25}Mg^{+}$, $^{130}Ba^{2+}$
Cs	$\mathbf{^{133}Cs^{+}}$: $^{117}Sn^{16}O^{+}$
Fe	$\mathbf{^{56}Fe^{+}}$: $^{40}Ar^{16}O^{+}$, $^{40}Ca^{16}O^{+}$, $^{40}Ar^{15}N^{1}H^{+}$ $\mathbf{^{54}Fe^{+}}$: $^{40}Ar^{14}N^{+}$, $^{40}Ca^{14}N^{+}$ $\mathbf{^{57}Fe^{+}}$: $^{40}Ar^{16}O^{1}H^{+}$
Ga	$\mathbf{^{69}Ga^{+}}$: $^{37}Cl^{16}O_2^{+}$, $^{36}Ar^{33}S^{+}$, $^{138}Ba^{2+}$, $^{138}La^{2+}$, $^{138}Ce^{2+}$ $\mathbf{^{71}Ga^{+}}$: $^{36}Ar^{35}Cl^{+}$, $^{37}Cl^{16}O^{18}O^{+}$
Ge	$\mathbf{^{74}Ge^{+}}$: $^{40}Ar^{34}S^{+}$, $^{37}Cl_2^{+}$ $\mathbf{^{72}Ge^{+}}$: $^{40}Ar^{32}S^{+}$, $^{35}Cl^{37}Cl^{+}$, $^{144}Sm^{2+}$ $\mathbf{^{70}Ge^{+}}$: $^{35}Cl_2^{+}$, $^{40}Ar^{14}N^{16}O^{+}$
Hg	$\mathbf{^{202}Hg^{+}}$: $^{186}W^{16}O^{+}$ $\mathbf{^{200}Hg^{+}}$: $^{184}W^{16}O^{+}$ $\mathbf{^{199}Hg^{+}}$: $^{183}W^{16}O^{+}$
In	$\mathbf{^{115}In^{+}}$: $^{115}Sn^{+}$, $^{99}Ru^{16}O^{+}$ $\mathbf{^{113}In^{+}}$: $^{113}Cd^{+}$, $^{96}Ru^{17}O^{+}$
K	$\mathbf{^{39}K^{+}}$: $^{38}Ar^{1}H^{+}$, $^{23}Na^{16}O^{+}$, $^{78}Se^{2+}$ $\mathbf{^{41}K^{+}}$: $^{40}Ar^{1}H^{+}$
Mg	$\mathbf{^{24}Mg^{+}}$: $^{7}Li^{17}O^{+}$, $^{12}C_2^{+}$, $^{48}Ti^{2+}$ $\mathbf{^{26}Mg^{+}}$: $^{12}C^{14}N^{+}$, $^{12}C_2{}^{1}H_2^{+}$ $\mathbf{^{25}Mg^{+}}$: $^{12}C_2{}^{1}H^{+}$
Mn	$\mathbf{^{55}Mn^{+}}$: $^{40}Ar^{14}N^{1}H^{+}$, $^{39}K^{16}O^{+}$, $^{40}Ar^{15}N^{+}$, $^{38}Ar^{17}O^{+}$, $^{38}Ar^{16}O^{1}H^{+}$, $^{23}Na^{32}S^{+}$, $^{110}Pd^{2+}$
Mo	$\mathbf{^{98}Mo^{+}}$: $^{98}Ru^{+}$ $\mathbf{^{96}Mo^{+}}$: $^{79}Br^{17}O^{+}$, $^{96}Zr^{+}$, $^{96}Ru^{+}$ $\mathbf{^{95}Mo^{+}}$: $^{79}Br^{16}O^{+}$, $^{40}Ar^{39}K^{16}O^{+}$, $^{190}Os^{2+}$, $^{190}Pt^{2+}$
Ni	$\mathbf{^{58}Ni^{+}}$: $^{23}Na^{35}Cl^{+}$, $^{40}Ar^{18}O^{+}$, $^{29}Si_2^{+}$ $\mathbf{^{60}Ni^{+}}$: $^{43}Ca^{16}O^{1}H^{+}$, $^{44}Ca^{16}O^{+}$, $^{23}Na^{37}Cl^{+}$, $^{120}Sn^{2+}$ $\mathbf{^{62}Ni^{+}}$: $^{46}Ti^{16}O^{+}$
P	$\mathbf{^{31}P^{+}}$: $^{14}N^{16}O^{1}H^{+}$, $^{15}N^{16}O^{+}$, $^{62}Ni^{2+}$
Pb	$\mathbf{^{208}Pb^{+}}$: $^{192}Pt^{16}O^{+}$, $^{192}Os^{16}O^{+}$ $\mathbf{^{206}Pb^{+}}$: $^{190}Os^{16}O^{+}$ $\mathbf{^{207}Pb^{+}}$: $^{191}Ir^{16}O^{+}$
Pt	$\mathbf{^{195}Pt^{+}}$: $^{179}Hf^{16}O^{+}$
S	$\mathbf{^{32}S^{+}}$: $^{16}O_2^{+}$, $^{14}N^{18}O^{+}$, $^{15}N^{17}O^{+}$, $^{14}N^{17}O^{1}H^{+}$, $^{15}N^{16}O^{1}H^{+}$, $^{14}N^{16}O^{1}H_2^{+}$ $\mathbf{^{34}S^{+}}$: $^{33}S^{1}H^{+}$ $\mathbf{^{33}S^{+}}$: $^{16}O^{17}O^{+}$, $^{32}S^{1}H^{+}$
Sb	$\mathbf{^{121}Sb^{+}}$: $^{105}Pd^{16}O^{+}$, $^{89}Y^{16}O_2^{+}$ $\mathbf{^{123}Sb^{+}}$: $^{91}Zr^{16}O_2^{+}$
Sc	$\mathbf{^{45}Sc^{+}}$: $^{12}C^{16}O_2{}^{1}H^{+}$, $^{28}Si^{16}O^{1}H^{+}$, $^{29}Si^{16}O^{+}$, $^{13}C^{16}O_2^{+}$, $^{90}Zr^{2+}$
Se	$\mathbf{^{80}Se^{+}}$: $^{40}Ar_2^{+}$, $^{32}S^{16}O_3^{+}$, $^{80}Kr^{+}$ $\mathbf{^{78}Se^{+}}$: $^{40}Ar^{38}Ar^{+}$, $^{78}Kr^{+}$ $\mathbf{^{82}Se^{+}}$: $^{12}C^{35}Cl_2^{+}$, $^{40}Ar^{42}Ca^{+}$
Si	$\mathbf{^{28}Si^{+}}$: $^{14}N_2^{+}$, $^{12}C^{16}O^{+}$ $\mathbf{^{29}Si^{+}}$: $^{14}N_2{}^{1}H^{+}$, $^{13}C^{16}O^{+}$, $^{12}C^{16}O^{1}H^{+}$ $\mathbf{^{30}Si^{+}}$: $^{14}N^{16}O^{+}$, $^{12}C^{18}O^{+}$, $^{12}C^{16}O^{1}H_2^{+}$
Sn	$\mathbf{^{120}Sn^{+}}$: $^{104}Ru^{16}O^{+}$, $^{104}Pd^{16}O^{+}$ $\mathbf{^{118}Sn^{+}}$: $^{102}Ru^{16}O^{+}$, $^{102}Pd^{16}O^{+}$ $\mathbf{^{116}Sn^{+}}$: $^{100}Ru^{16}O^{+}$
Sr	$\mathbf{^{88}Sr^{+}}$: $^{72}Ge^{16}O^{+}$, $^{87}Rb^{1}H^{+}$, $^{176}Yb^{2+}$, $^{176}Lu^{2+}$, $^{176}Hf^{2+}$ $\mathbf{^{86}Sr^{+}}$: $^{85}Rb^{1}H^{+}$
Ti	$\mathbf{^{48}Ti^{+}}$: $^{32}S^{16}O^{+}$, $^{34}S^{14}N^{+}$, $^{36}Ar^{12}C^{+}$, $^{96}Zr^{2+}$, $^{96}Mo^{2+}$ $\mathbf{^{46}Ti^{+}}$: $^{32}S^{14}N^{+}$, $^{14}N^{16}O_2^{+}$ $\mathbf{^{50}Ti^{+}}$: $^{34}S^{16}O^{+}$, $^{36}Ar^{14}N^{+}$
Tl	$\mathbf{^{205}Tl^{+}}$: $^{189}Os^{16}O^{+}$ $\mathbf{^{203}Tl^{+}}$: $^{187}Re^{16}O^{+}$
V	$\mathbf{^{51}V^{+}}$: $^{34}S^{16}O^{1}H^{+}$, $^{35}Cl^{16}O^{+}$, $^{38}Ar^{13}C^{+}$, $^{36}Ar^{15}N^{+}$, $^{36}Ar^{14}N^{1}H^{+}$, $^{37}Cl^{14}N^{+}$, $^{102}Ru^{2+}$, $^{102}Pd^{2+}$
W	$\mathbf{^{182}W^{+}}$: $^{166}Er^{16}O^{+}$
Y	$\mathbf{^{89}Y^{+}}$: $^{73}Ge^{16}O^{+}$, $^{178}Hf^{2+}$
Zn	$\mathbf{^{64}Zn^{+}}$: $^{32}S^{16}O_2^{+}$, $^{48}Ti^{16}O^{+}$, $^{31}P^{16}O_2{}^{1}H^{+}$, $^{32}S_2^{+}$ $\mathbf{^{66}Zn^{+}}$: $^{32}S^{16}O^{18}O^{+}$, $^{32}S^{34}S^{+}$, $^{33}S_2^{+}$ $\mathbf{^{68}Zn^{+}}$: $^{40}Ar^{14}N_2^{+}$, $^{34}S_2^{+}$

10.5 Röntgenfluoreszenz

Elem.	$K\alpha_1$ in keV	$K\alpha_2$ in keV	$K\beta_1$ in keV	$L\alpha_1$ in keV	$L\alpha_2$ in keV	$L\beta_1$ in keV	$L\beta_2$ in keV	$L\gamma_1$ in keV	$M\alpha_1$ in keV
11 Na	1,041	1,041	1,071						
12 Mg	1,254	1,254	1,302						
13 Al	1,487	1,487	1,557						
14 Si	1,740	1,740	1,836						
15 P	2,014	2,013	2,139						
16 S	2,308	2,307	2,464						
19 K	3,314	3,311	3,590						
20 Ca	3,692	3,688	4,013	0,341	0,341	0,345			
21 Sc	4,091	4,086	4,461	0,395	0,395	0,400			
22 Ti	4,511	4,504	4,932	0,452	0,452	0,458			
23 V	4,952	4,945	5,427	0,511	0,511	0,519			
24 Cr	5,415	5,406	5,947	0,573	0,573	0,583			
25 Mn	5,899	5,888	6,490	0,637	0,637	0,649			
26 Fe	6,404	6,391	7,058	0,705	0,705	0,719			
27 Co	6,930	6,915	7,649	0,776	0,776	0,791			
28 Ni	7,478	7,461	8,265	0,852	0,852	0,869			
29 Cu	8,048	8,028	8,905	0,930	0,930	0,950			
30 Zn	8,639	8,616	9,572	1,012	1,012	1,035			
31 Ga	9,252	9,225	10,264	1,098	1,098	1,125			
32 Ge	9,886	9,855	10,982	1,188	1,188	1,219			
33 As	10,544	10,508	11,726	1,282	1,282	1,317			
34 Se	11,222	11,181	12,496	1,379	1,379	1,419			
37 Rb	13,395	13,336	14,961	1,694	1,693	1,752			
38 Sr	14,165	14,098	15,836	1,807	1,805	1,872			
39 Y	14,958	14,883	16,738	1,923	1,920	1,996			
40 Zr	15,775	15,691	17,668	2,042	2,040	2,124	2,219	2,303	
41 Nb	16,615	16,521	18,623	2,166	2,163	2,257	2,367	2,462	
42 Mo	17,479	17,374	19,608	2,293	2,290	2,395	2,518	2,624	
44 Ru	19,279	19,150	21,657	2,558	2,554	2,683	2,836	2,965	
45 Rh	20,216	20,074	22,724	2,697	2,692	2,834	3,001	3,144	
46 Pd	21,177	21,020	23,819	2,839	2,833	2,990	3,172	3,329	
47 Ag	22,163	21,990	24,942	2,984	2,978	3,151	3,348	3,520	
48 Cd	23,174	22,984	26,096	3,134	3,127	3,317	3,528	3,717	
49 In	24,210	24,002	27,276	3,287	3,279	3,487	3,714	3,921	
50 Sn	25,271	25,044	28,486	3,444	3,435	3,663	3,905	4,131	
51 Sb	26,359	26,111	29,726	3,605	3,595	3,844	4,101	4,348	
52 Te	27,472	27,201	30,996	3,769	3,759	4,030	4,302	4,571	
55 Cs	30,973	30,625	34,987	4,287	4,272	4,620	4,936	5,280	
56 Ba	32,194	31,817	36,378	4,466	4,451	4,828	5,157	5,531	
57 La	33,442	33,034	37,801	4,651	4,634	5,042	5,384	5,789	0,833
72 Hf	55,790	54,611	63,234	7,899	7,845	9,023	9,347	10,516	1,645
73 Ta	57,532	56,277	65,223	8,146	8,088	9,343	9,652	10,895	1,710
74 W	59,318	57,982	67,244	8,398	8,335	9,672	9,962	11,286	1,775
75 Re	61,140	59,718	69,310	8,653	8,586	10,010	10,275	11,685	1,843
76 Os	63,001	61,487	71,413	8,912	8,841	10,355	10,599	12,095	1,910
77 Ir	64,896	63,287	73,561	9,175	9,100	10,708	10,920	12,513	1,980
78 Pt	66,832	65,112	75,748	9,442	9,362	11,071	11,251	12,942	2,051
79 Au	68,804	66,990	77,984	9,713	9,628	11,442	11,585	13,382	2,123
80 Hg	70,819	68,895	80,253	9,989	9,898	11,823	11,924	13,830	2,195
81 Tl	72,872	70,832	82,576	10,269	10,173	12,213	12,272	14,292	2,271
82 Pb	74,969	72,804	84,936	10,552	10,450	12,614	12,623	14,764	2,346
83 Bi	77,108	74,815	87,343	10,839	10,731	13,024	12,980	15,248	2,423

11 Chromatografie (DC, GC, HPLC)

Adsorptionschromatografie
Verteilungschromatografie

11.1 Elutrope Reihe der Lösemittel nach *Trappe*

Nach *Wolfgang Trappe* ist das Elutionsvermögen von der **Permittivitätskonstante** (ε) – früher Dielektrizitätskonstante – bzw. vom **Dipolmoment** (p) eines Lösemittels abhängig. Für polare stationäre Phasen, wie Kieselgel oder Aluminiumoxid, ergibt sich folgende elutrope Reihe der Lösemittel nach ansteigender Polarität und Elutionsvermögen:
n-Hexan < Cyclohexan < Tetrachlormethan < Trichlormethan < Diethylether < Ethansäureethylester < Aceton < 1,4-Dioxan < Acetonitril < Methanol < Wasser

11.2 Elutrope Reihe der Lösemittel nach *Snyder*

Die elutrope Reihe nach *Snyder* ist auch für Umkehrphasen geeignet. Neben den Dipolmomenten (p) werden die chromatografischen Verteilungskonstanten, die **elutrope Kraft** ε^0 und die Protonenakzeptor-Protonendonator-Eigenschaften der Lösemittel berücksichtigt.
Referenzlösemittel nach *Snyder* zur Berechnung des Polaritätsindexes P': Ethanol (Protonendonator), 1,4-Dioxan (Protonenakzeptor) und Nitromethan (hohes Dipolmoment). η: **dynamische Viskosität** in Pa · s
Ordnungsprinzip der Tabelle: nach dem **Polaritätsindex** P'

Lösemittel	Polaritätsindex P'	Untere Messgrenze im UV in nm (Cut-off-UV)	η bei 20 °C in 10^{-3} Pa · s	Al_2O_3 ε^0	C_{18}-RP ε^0	SiO_2 ε^0
n-Pentan	0,0	190	0,23	0,00	–	0,00
Trichlortrifluorethan	0,0	231	0,711	–	–	0,02
n-Hexan	0,1	195	0,31	0,01	–	0,03
Cyclohexan	0,2	200	0,98	0,04		0,04
1-Chlorbutan	1,0	220	0,45	–	–	–
Tetrachlorkohlenstoff	1,7	265	0,97	0,18	–	0,12
Diisopropylether	2,3	220	0,35	0,28	–	0,22
Toluol	2,4	284	0,59	0,29	–	0,22
Methyl-t-butylether	2,5	210	0,27	0,35	–	0,48
Chlorbenzol	2,7	287	0,80	0,30	–	–
Diethylether	2,8	215	0,24	0,38	–	0,43
Dichlormethan	3,1	233	0,44	0,42	–	0,30
1,2-Dichlorethan	3,6	228	0,79	0,49	–	0,38
Butan-1-ol	3,9	215	2,98	–	–	–
Propan-2-ol	3,9	205	2,40	0,82	8,3	0,6
2-Methylpropan-1-ol	4,0	220	3,95	–	–	–
2-Methylhexan-2-on	4,0	330	0,80	–	–	–
Propan-1-ol	4,0	210	2,26	0,82	8,3	0,6
Trichlormethan	4,1	245	0,57	0,40	–	0,26
Tetrahydrofuran	4,1	220	0,55	0,45	3,7	0,53
Methylisobutylketon	4,2	334	0,506	0,43	–	–
Ethansäureethylester	4,4	256	0,45	0,58	–	0,48

Lösemittel	Polaritätsindex *P'*	Untere Messgrenze im UV in nm (Cut-off-UV)	η bei 20 °C in 10^{-3} Pa · s	Al_2O_3 ε^0	C_{18}-RP ε^0	SiO_2 ε^0
Ethansäuremethylester	4,4	260	0,38	0,60	–	0,46
Cyclohexanon	4,5	325	2,24	–	–	–
Methylethylketon	4,6	329	0,43	0,51	–	0,39
1,4-Dioxan	4,8	215	1,37	0,56	11,7	0,51
Aceton (Propanon)	5,3	330	0,36	0,56	8,8	0,53
Methanol	5,1	205	0,55	0,95	1,0	0,7
Ethanol	5,2	205	1,19	0,88	–	0,68
Acetonitril	6,0	190	0,38	0,65	3,1	0,52
Nitromethan	6,0	380	0,67	0,64	–	0,49
Essigsäure	6,2	260	1,21	–	–	–
Dimethylformamid	6,4	268	0,92	–	7,6	–
Dimethylsulfoxid	7,2	268	2,24	0,75	–	0,58
Formamid	9,6	210	3,30	–	–	–
Wasser	10,2	190	1,00	–	–	–

11.3 Mischbarkeit von Lösemitteln

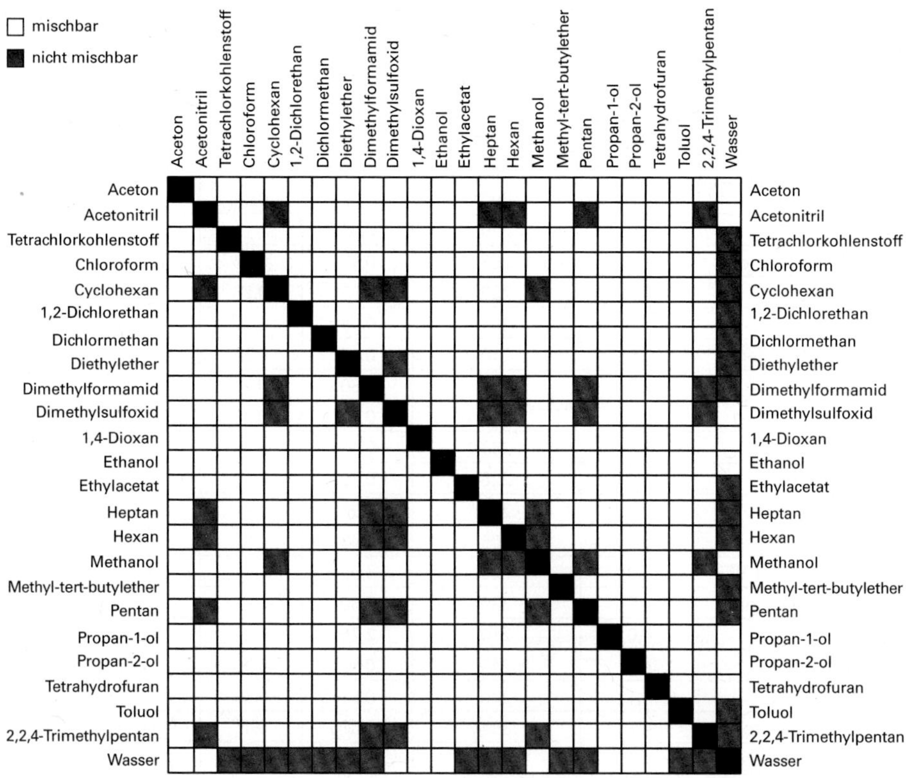

11.4 Dünnschichtchromatografie

Stationäre Phasen in der DC

Material	Schichtdicke in µm	Partikelgröße in µm	Porenweite in nm	Spezifische Oberfläche in $m^2 \cdot g^{-1}$	Trägermaterial; Anmerkungen
Kieselgel 60 (Normalphase: NP)	250	5 … 20	6	550 … 1000	Glas, Polyesterfolie, Aluminiumblech; Kieselgel G: 13 % Gips
Kieselgur	200	5 … 40	1000 … 10 000	1 … 5	Glas; Schalen fossiler Kieselalgen
Aluminiumoxid	200 … 250	5 … 20	6 … 15	550	Glas, Polyesterfolie, Aluminiumblech
Cellulose	100 … 500	5 … 20	3,5	2	Glas
Polyamid	100	30 … 70	–	–	Glas, Polyesterfolie
Umkehrphasen (RP-18)	150 … 250	10 … 12	6	500	Glas, Aluminiumblech
HPTLC, Umkehrphasen (RP-18)	100 … 200	5 … 6	6	480 … 540	Glas

DC-Trennung ausgewählter Substanzgruppen

Substanzgruppen	Stationäre Phase	Laufmittel
Aldehyde	Kieselgel G	Ethylacetat/Hexan (1 : 1)
Alkaloide	Kieselgel G (SIL G-25)	Toluol/Methanol/Diethylamin (45 : 6 : 2)
Amide	Kieselgur mit Adipinsäure imprägniert	Diisopropylether/Petrolether/Tetrachlorkohlenstoff/Methansäure (1 : 1 : 1 : 1)
Amine	Aluminiumoxid	Aceton/n-Heptan (1 : 1)
Aminosäuren	Aluminiumoxid	n-Butanol/Essigsäure/Wasser (3 : 1 : 1)
	Kieselgel G	n-Butanol/Essigsäure/Wasser (3 : 1 : 1)
Carbonsäuren, aromatisch	RP-18 Kieselgel	Methanol/Wasser (50 : 50)
Carbonsäuren, gesättigt	Kieselgur mit Polyethylenglykol imprägniert	i-Butanol/Methansäure/Wasser (90 : 7 : 3)
Lactame	Kieselgel	Diisopropylether oder Diethylether/Ethylacetat (1 : 4)
Lactone	Kieselgel	Diisopropylether oder Diethylether/Ethylacetat (1 : 4)
Lipide	HPTLC (Nano-SIL 20)	Petrolether/Diethylether/Essigsäure (80 : 20 : 1)
	Kieselgel 60	Hexan/Diethylether (30 : 5) oder Chloroform/Aceton (2 : 1) oder Ethylacetat/2-Propanol/Chloroform/Methanol/Wasser (5 : 5 : 3 : 2 : 1,8)
Nitrosamine	Kieselgel	Hexan/Diethylether/Methylenchlorid (1 : 1 : 1)
Nukleotide	Cellulose	Ammoniumsulfat (ges.), 1 $mol \cdot L^{-1}$ Natriumacetat, i-Propanol (80 : 18 : 2)
	HPTLC (Nano-SIL C18-50)	Essigsäure/Methanol/Wasser (10 : 20 : 70) oder $w(KBr)$ = 1 % wässrig/Methanol (80 : 20) oder 0,05 $mol \cdot L^{-1}$ NH_4Br/Methanol (80 : 20)

Substanzgruppen	Stationäre Phase	Laufmittel
Phenole	Aluminiumoxid	Wasser/Ethanol/Chloroform (1 : 1 : 1)
	HPTLC RP-18	Toluol oder Methanol/Wasser (50 : 50)
	Kieselgel 60	Hexan/Aceton (6 : 4)
Steroide	Kieselgel G	Ethylacetat/Ethanol (abs.)/oder Ethylacetat/ Cyclohexan oder Chloroform/Ethanol (abs.)
Zucker	Cellulose	n-Butanol/Pyridin/Wasser (6 : 4 : 3) oder Ethylacetat/Pyridin/Wasser (2 : 1 : 2)
	HPTLC (Nano-SIL NH_2)	Acetonitril/Wasser (50 : 18)

Nachweisreagenzien in der Dünnschichtchromatografie

Verbindungsklasse	Sprühreagenz	Färbung
Aldehyde (Alkanale)	2,4-Dinitrophenylhydrazine	olivgrün, gelbrot
Alkaloide	Chloramin-T	rosa
Alkohole	Vanillin-Schwefelsäure	grünblau
Amine (prim. und sek.)	Ninhydrin	rotviolett (prim.), gelb (sek.)
Aminosäuren	Ninhydrin	s. Peptide
Carbonsäuren	Bromkresolgrün	gelb
Lipide	Kristallviolett/Brom	blau
Peptide	Ninhydrin	rotviolett (N-terminale prim. Aminosäure), gelb (N-terminale sek. Aminosäure)
Phenole	Eisen(III)-chlorid	unterschiedliche Färbungen, z. B. Phenol violett, Brenzcatechin smaragdgrün
Steroide	p-Anisaldehyd/Schwefelsäure	unterschiedliche Färbungen
Zucker	p-Anisaldehyd/Schwefelsäure	blau, grün, violett

11.5 Gaschromatografie

Viskosität von Trägergasen (Temperaturabhängigkeit)

ϑ in °C	Viskosität η in µPa · s bei einem Druck von p_{abs} = 2,048 bar				
	He	H_2	N_2	Ar	Ar/CH_4 (5/95)
20	19,621	8,8154	17,597	22,264	21,755
100	23,157	10,391	21,121	27,109	26,467
150	25,259	11,318	23,157	29,931	29,209
200	27,296	12,208	25,089	32,618	31,817
250	29,274	13,068	26,928	35,186	34,308

Bei Verdopplung des Drucks erhöht sich die Viskosität im angegebenen Temperaturbereich um 0,1 bis 0,2 %.

Polarität und Polaritätszahl stationärer GC-Phasen

Polarität	Polaritätszahl [1])	Beispiel für stationäre Phasen
unpolar	0 … 500	Dimethylpolysiloxan, M(X) $\approx$ 30 000 g · mol^{-1}
mittelpolar	500 … 2000	Phenylmethyl-dimethylsiloxan
stark polar	> 2000	Polyethylenglycol

[1]) Experimentelle Ermittlung anhand der Retentionszeiten von Bezugssubstanzen.

Säulenwahl in der Gaschromatografie (Empfehlung)

Polarität der stat. Phase	Zusammensetzung der stationären Phase	Anwendung (exemplarisch)	Typ. Temp.-Bereich in °C	Beispiele für GC-Phasen
unpolar	100 % Polydimethylsiloxan	Amine, Kohlenwasserstoffe, Pestizide, PCBs, Phenole, Thiole, Aroma- und Duftstoffe	–60 … 340	DB-1, HP-1, BP-1, SPB-1, CP-Sil 5, Rtx-1, OV-1, SE-30, 007-1, ZB-1
unpolar	95 % Polydimethylsiloxan, 5 % Phenyl-Methylpolysiloxan	Halogenierte Substanzen, Pestizide, Herbizide, Drogen, Amine, Screening unbekannter Proben	–60 … 325	DB-5, HP-5, DB-5ms, HP-5ms, SPB-5, XTI-5, Mtx-5, CP-Sil 8CB, SE-54, Rtx-5, BPX-5, MDN-5, Rtx-5ms, BP-5, ZB-5
mittelpolar	65 % Polydimethylsiloxan, 35 % Phenyl-Methylpolysiloxan	Pestizide, Pharmazeutika, Drogen	40 … 300	DB-35, HP-35, Rtx-35, SPB-35, AT-35, Sup-Herb, MDN-35, BPX-35
mittelpolar	94 % Polydimethylsiloxan, 6 % Cyanopropylphenyl	Alkohole, Pestizide, flüchtige organische Verbindungen VOC	–20 … 280	DB-1301, Rtx-1301, PE-1301, VF-1301ms
mittelpolar	86 % Polydimethylsiloxan, 14 % Cyanopropylphenyl	Pestizide, Herbizide, TMS-Derivate von Zucker	–20 … 280	DB-1701, SPB-1701, CP-Sil 19 CB, Rtx-1701, CB-1701, OV-1701, 007-1701, BPX-10
mittelpolar	50 % Polydimethylsiloxan, 50 % Phenyl-Methylpolysiloxan	Pharmazeutika, Drogen, Glycole, Pestizide, Steroide	40 … 280	HP-50, DB-17, Rtx-50, VF-17ms, 007-17, SP-2250, SPB-50, BPX-50, SPB-17, AT-50, CP-Sil 19 CB
mittelpolar	Modifiziertes β-Cyclodextrin	Chirale Substanzen	35 … 260	CycloSil-ß, LIPODEX C, Rt-b DEXm, b-DEX 110, b-DEX 120
polar	65 % Polydimethylsiloxan, 35 % Trifluoropropyl-Methylpolysiloxan	Lösemittelrückstände, Pestizide, Herbizide	30 … 300	DB-200, Rtx-200, VF-200ms
polar	50 % Polydimethylsiloxan, 50 % Trifluoropropyl-Methylpolysiloxan	Fettsäuremethylester (FAME)	40 … 220	DB-225, OV-225, Rtx-225, BP-225, 007-225, SP-2330, CP-Sil 43 CB
stark polar	100 % Polyethylenglycol	Lösemittel, Glycole, Alkohole	20 … 250	DB-WAX, HP-20M, SUPELCOWAX 10, CP-WAX 52 CB, SUPEROX II, CB-WAX, Stabilwax, BP-20, 007-CW, Carbowax, HP-INNOWax, Rtx-WAX, ZB-WAX, VF-WAXms
stark polar	100 % deaktiviertes Polyethylenglycol	Amine, basische Analyte	60 … 220	CAM, Stabilwax-DB, Carbowax Amine
stark polar	100 % Polyethylenglycol mit Säure modifiziert	Organische Säuren, Alkohole, Phenole, Aldehyde, Ketone, Acrylate	40 … 250	HP-FFAP, DB-FFAP, OV-351, SP-1000, Stabilwax-DA, 007-FFAP, Nukol

11.6 Hochleistungsflüssigchromatografie (HPLC)

Säulenwahl in der HPLC (Übersicht)

M(Analyt) < 2000 g · mol^{-1}	organisch gelöst	löslich in Hexan	Normalphase, unmodifiziertes SiO_2 (bare silica), Adsorption Normalphase mit gebundenen Gruppen
		löslich in CH_3OH bzw. CH_3OH/H_2O oder CH_3CN bzw. CH_3CN/H_2O	Umkehrphase, Reversed phase (RP), HILIC (Hydrophilic Interaction Liquid Chromatography, sehr polare Säule bei schwacher RP-Retention, Trennung hochpolarer Analyte (Zucker, Aminosäuren, Peptide u. Ä.). Mobile Phase: Wasser, mit Wasser mischbare Lösemittel, wässrige Puffer).
		löslich in Tetrahydrofuran (THF)	Gel-Permeationschromatografie (GPC) mit speziellen Phasen für kleine Moleküle
	wässrig gelöst	nichtionisch	Umkehrphase, Reversed phase (RP), HILIC (bei schwacher RP-Retention
		ionisch	Umkehrphase (RP) unter kontrollierter Ionisation (pH-Modifier, Puffer) Ionenpaarchromatografie, Umkehrphase (RP) Umkehrphase mit unmodifiziertem SiO_2 (bare Silica)
M(Analyt) > 2000 g · mol^{-1}	organisch gelöst	Gel-Permeationschromatografie	
	wässrig gelöst	Gel-Filtrationschromatografie Ionenaustausch mit großporigem Material RP-Chromatografie mit großporigem Material	

Die Auswahl der Säule erfolgt nach der molaren Masse sowie nach der Polarität des Analyten.
Faustregel: An einer NP-Phase besitzen hydrophile Lösemittel eine hohe Elutionskraft, während lipophile Lösemittel an einer RP-Phase über eine hohe Elutionskraft verfügen.

Beispiele zur Säulenwahl in der HPLC

Analyt	Stationäre Phase	USP-Code [1])
Aldehyde, Aminosäuren (deriv.), Steroide	Octadecylsilan (C18) an poröses Kieselgel gebunden; Partikelgröße 1,8 … 10 µm	L 1
Aldehyde	Octylsilan (C8) an hochporösem Kieselgel gebunden; Partikelgröße 1,8 … 10 µm	L 7
Alkohole, Säuren	Amino- und Cyanogruppen gebunden an porösem SiO_2; Partikelgröße 5 … 10 µm (Spacer: Propylgruppe)	L 18
Aminosäuren	Sulfoniertes Fluorcarbonpolymer als starker Kationenaustauscher	L 6
Amine	Polyethylvinylbenzol mit Carboxyl- und HPO_4-Gruppen, quervernetzt mit Divinylbenzol (schwacher Kationenaustauscher, Partikelgröße 3 … 15 µm)	L 53
Aromaten	s. Aldehyde	L 1
Aromaten	An poröses SiO_2 gebundenes Butylsilan; Partikelgröße 1,5 … 10 µm	L 26
DNA, RNA, Zucker	Monomolekulare Schicht von Aminopropylsilan auf vollständig porösem Kieselgel; Partikelgröße 3 … 10 µm (Spacer: Propylgruppe)	L 8
Drogen, basisch	s. Aminosäuren	L 6
Enantiomere mit polaren Gruppen (z. B. α-Aminosäuren, Peptide)	L-Prolin-Kupferkomplex, kovalent an gebrochenes Kieselgel gebunden; Partikelgröße 10 µm	L 32
Enantiomere, Diastereomere	N-(3,5-Dinitrobenzoyl)-L-phenylglycin, kovalent gebunden an Aminopropylsiloxan; Partikelgröße 5 µm	L 36
Ionenchromatografie (Kationen wie Fe^{2+}, Fe^{3+}, Cu^{2+}, Ni^{2+})	Stark saure Kationenaustauschergruppen, gebunden an Kieselgel; Partikelgröße 3 … 10 µm, gebrochen oder sphärisch	L 9
Ionenchromatografie (Anionen wie Cl^-, Br^-, SO_3^{2-}, SO_4^{2-}, NO_3^-)	Stark basischer Anionenaustauscher, bestehend aus quartären Trimethylammoniumgruppen, die über eine Brücke auf SiO_2 gebunden sind; Partikelgröße 5 … 10 µm	L 14
Ketone	s. Aldehyde	L 1, L7
Lokalanästhetika (z. B. Lidocain)	s. Aromaten	L 26
Nucleoside	s. Aminosäuren	L 6
Peptide	Poröses Polystyrol mit Sulfonsäuregruppen als Kationenaustauscher im pH-Bereich 1 … 13; Partikelgröße ≈ 10 µm	L 22
Phenole	s. Aldehyde	L 1
Proteine < 100 000 Da [2])	s. Peptide	L 22
Proteine zwischen 100 000 … 50 000 000 Da [2])	Halbfestes hydrophiles Gel bestehend aus einem Vinylpolymer mit zahlreichen OH-Gruppen auf der Oberfläche; Partikelgröße 32 … 63 µm	L 24
Oligomere, nichtionische	Polymethacrylat-Gel	L 38
Steroidhormone	Cyanopropyl-modifiziertes Kieselgel, Partikelgröße 3 … 10 µm	

[1]) Amerikanisches Arzneibuch (*United States Pharmacopeia*, USP)
[2]) Dalton, atomare Masseneinheit in der Biochemie, 1 Da = 1 u

12 Strukturaufklärung (NMR, IR, MS)

12.1 NMR-Spektroskopie

Chemische Verschiebungen ausgewählter Gruppen der ¹H-NMR-Spektroskopie

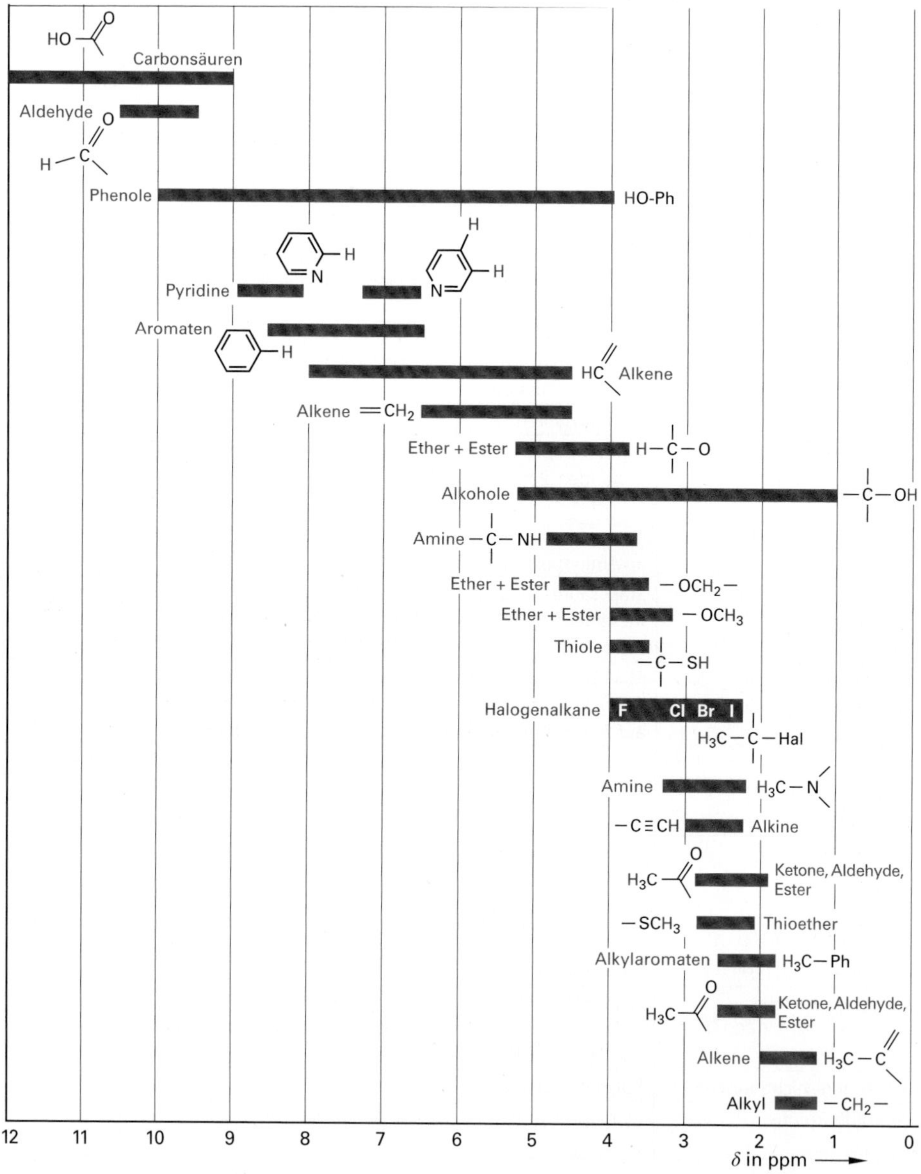

Inkremente zur Abschätzung chemischer Verschiebungen δ(H) in der ^{1}H-NMR-Spektroskopie

	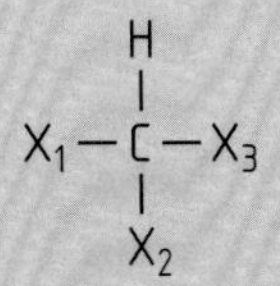 $\delta(H) = 1{,}5 + X_1 + X_2 + X_3$	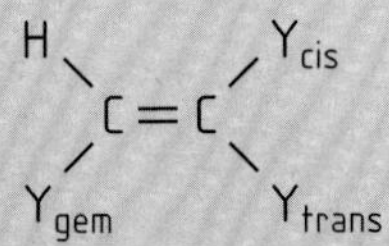 $\delta(H) = 5{,}3 + Y_{gem} + Y_{cis} + Y_{trans}$			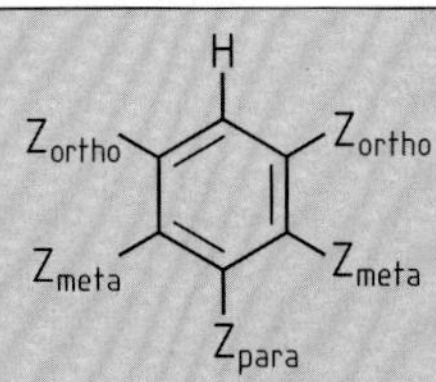 $\delta(H) = 7{,}3 + Z_{ortho} + Z_{meta} + Z_{para}$		
Substituent	$X_{1,2,3}$	Y_{gem}	Y_{cis}	Y_{trans}	Z_{ortho}	Z_{meta}	Z_{para}
–H	–0,3	0,0	0,0	0,0	0,0	0,0	0,0
–Alkyl	0,0	0,5	–0,2	–0,3	–0,2	–0,1	–0,2
$-CH_2-C_6H_5$	0,2	1,1	–0,3	–0,3	–0,1	0,1	0,0
$-CH_2$–Halogen	(0,7)	0,7	0,1	0,0	0,0	0,0	0,0
$-CH_2OR$	(0,3)	0,6	0,0	0,0	–0,1	–0,1	–0,1
$-CH_2NR_2$	0,2	0,6	–0,1	–0,1	0,0	0,0	0,0
$-CH_2SR$	(0,3)	0,7	–0,1	–0,2	0,2	0,1	0,1
$-CCl_3$	0,6	2,1	–0,1	0,1	0,6	–0,1	–0,1
–CH=CHR	0,7	1,0	–0,1	–0,2	0,1	0,0	–0,1
–C≡CH	1,1	0,5	0,4	0,1	0,2	0,0	0,0
$-C_6H_5$	1,4	1,4	0,4	–0,1	0,3	0,1	0,1
–CHO	1,2	1,0	1,0	1,2	0,6	0,2	0,3
–CO–Alkyl	1,2	1,1	1,1	0,9	0,6	0,1	0,2
$-CO-C_6H_5$	1,4	1,3	1,1	0,6	0,5	0,1	0,2
–COOH	1,0	1,0	1,4	0,7	0,9	0,2	0,3
–CO–O–Alkyl	1,0	0,8	1,2	0,6	0,7	0,1	0,2
$-CO-O-C_6H_5$	1,2	1,6	1,1	0,8	0,9	0,2	0,3
$-CO-NR_2$	1,0	1,4	1,0	0,5	0,6	0,1	0,2
–COCl	1,1	1,1	1,5	1,0	0,8	0,2	0,4
$-CH{=}N-C_6H_5$	1,2	0,9	0,4	0,2	0,7	0,2	0,2
–C≡N	1,2	0,3	0,8	0,6	0,4	0,2	0,3
$-NR_2$	1,3	0,8	–1,3	–1,2	–0,8	–0,3	–0,7
$-NH-COCH_3$	1,9	2,1	–0,6	–0,7	0,1	–0,1	–0,3
$-NO_2$	2,9	1,9	1,3	0,6	1,0	0,3	0,4
$-NH-NH_2$	1,5	0,9	–0,7	–0,8	–0,6	–0,1	–0,6
$-N{=}CH-C_6H_5$	2,4	1,3	–0,2	–0,4	–0,1	0,1	0,0
$-N{=}N-C_6H_5$	2,7	1,4	0,3	0,3	0,7	0,2	0,2
–SH	1,3	0,8	0,1	–0,2	–0,1	–0,2	–0,2
$-SCH_3$	1,3	1,1	–0,3	–0,1	–0,1	–0,1	–0,2
$-S-C_6H_5$	1,8	0,7	0,2	–0,2	0,1	–0,1	–0,2
$-SO_2-R$	2,2	1,6	1,2	0,9	0,6	0,3	0,4
$-SO_2-NH_2$	2,3	2,4	1,7	1,5	0,7	0,3	0,4
–OR	2,2	1,2	–1,1	–1,2	–0,6	–0,1	–0,5
$-O-C_6H_5$	2,9	1,2	–0,6	–1,0	–0,3	–0,1	–0,2
–O–CO–R	3,0	2,1	–0,4	–0,6	–0,3	0,0	–0,1

	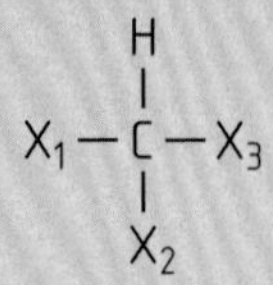 **δ(H) = 1,5 + X_1 + X_2 + X_3**	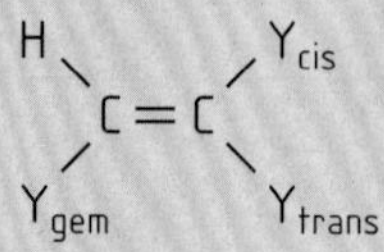 **δ(H) = 5,3 + Y_{gem} + Y_{cis} + Y_{trans}**			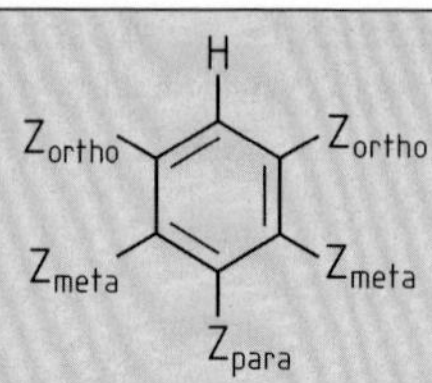 **δ(H) = 7,3 + Z_{ortho} + Z_{meta} + Z_{para}**		
Substituent	**$X_{1,2,3}$**	**Y_{gem}**	**Y_{cis}**	**Y_{trans}**	**Z_{ortho}**	**Z_{meta}**	**Z_{para}**
–F	2,7	1,5	–0,4	–1,0	–0,3	0,0	–0,2
–Cl	2,4	1,1	0,2	0,1	0,0	0,0	–0,1
–Br	2,1	1,1	0,5	0,6	0,2	–0,1	0,0
–I	1,4	1,1	0,8	0,9	0,4	–0,2	0,0

Beispiele zur Anwendung der Inkrement-Tabellen

Berechnung der chemischen Verschiebung von aliphatischen Protonen.

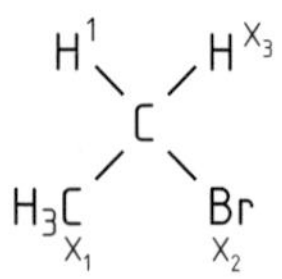			X_1	X_2	X_3	Σ	
			CH_3	Br	H	δ in ppm	(gemes-sen)
	$\delta(H^1)$ =	1,5	+0,0	+2,1	–0,3	3,3	(3,4)

Berechnung der chemischen Verschiebung von olefinischen Protonen.

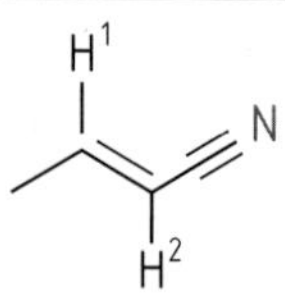			Y_{gem}	Y_{cis}	Y_{trans}	Σ in ppm	(gemes-sen)
	$\delta(H^1)$ =	5,3	+0,5(CH_3)	+0,8(CN)	+0,0(H)	6,6	(6,5)
	$\delta(H^2)$ =	5,3	+0,3(CN)	–0,2(CH_3)	+0,0(H)	5,4	(5,2)

Berechnung der chemischen Verschiebung von aromatischen Protonen.

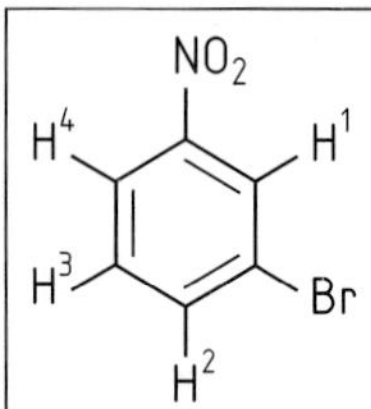			Z_{ortho}		Z_{meta}		Z_{para}		Σ in ppm	(gemes-sen)
			$-NO_2$	–Br	$-NO_2$	–Br	$-NO_2$	–Br		
	$\delta(H^1)$ =	7,3	+1,0	+0,2					= 8,5	(8,4)
	$\delta(H^2)$ =	7,3		+0,2			+0,4		= 7,9	(7,8)
	$\delta(H^3)$ =	7,3			+0,3	–0,1			= 7,5	(7,5)
	$\delta(H^4)$ =	7,3	+1,0					+0,0	= 8,3	(8,2)

Deuterierte Lösemittel in der NMR-Spektroskopie

Lösemittel	**Formel**	**δ(^{1}H des undeuterierten Anteils)**	**δ(H_2O) bzw. (HDO)**
D_1-Chloroform	$CDCl_3$	7,24	1,5
D_4-Methanol	CD_3OD	3,35	4,9
D_6-Aceton	C_3D_6O	2,04	2,8
D_8-Toluol	C_7D_8	2,3	0,4

Lösemittel	**Formel**	**δ(^{1}H des undeuterierten Anteils)**	**δ(H_2O) bzw. (HDO)**
D_3-Acetonitril	CD_3CN	1,93	2,1
D_6-Dimethylsulfoxid	C_2D_6SO	2,49	3,3
schweres Wasser	D_2O	4,65	4,8

Multiplizitätsregel für ^{1}H-NMR-Spektren 1. Ordnung und typische ^{1}H-NMR-Kopplungskonstanten

n: **Anzahl der koppelnden Nachbarprotonen** *J*: **Kopplungskonstante**

n	Aufspaltung *n* + 1	Nomenklatur	Abkürzung	Intensitätsverteilung (Pascalsches Dreieck)
0	1	Singulett	s	1
1	2	Dublett	d	1 1
2	3	Triplett	t	1 2 1
3	4	Quartett	q	1 3 3 1
4	5	Quintett	quint	1 4 6 4 1
5	6	Sextett	sext	1 5 10 10 5 1
6	7	Septett	sept	1 6 15 20 15 6 1
7	8	Oktett	oct	1 7 21 35 35 21 7 1
8	9	Nonett	non	1 8 28 56 70 56 28 8 1
9	10	Dezett	dez	1 9 36 84 126 126 84 36 9 1

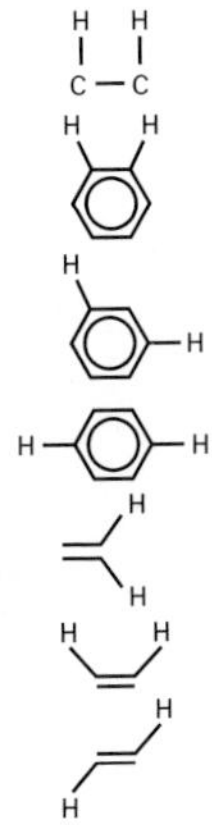

J	Bezeichnung
6 Hz ... 9 Hz	vicinale Kopplung
6 Hz ... 9 Hz	*ortho*-Kopplung
1 Hz ... 3 Hz	*meta*-Kopplung
0 Hz ... 1 Hz	*para*-Kopplung
1 Hz ... 3 Hz	geminale Kopplung
7 Hz ... 12 Hz	*cis*-Kopplung
14 Hz ... 19 Hz	*trans*-Kopplung

Chemische Verschiebungen in der ^{13}C-NMR-Spektroskopie

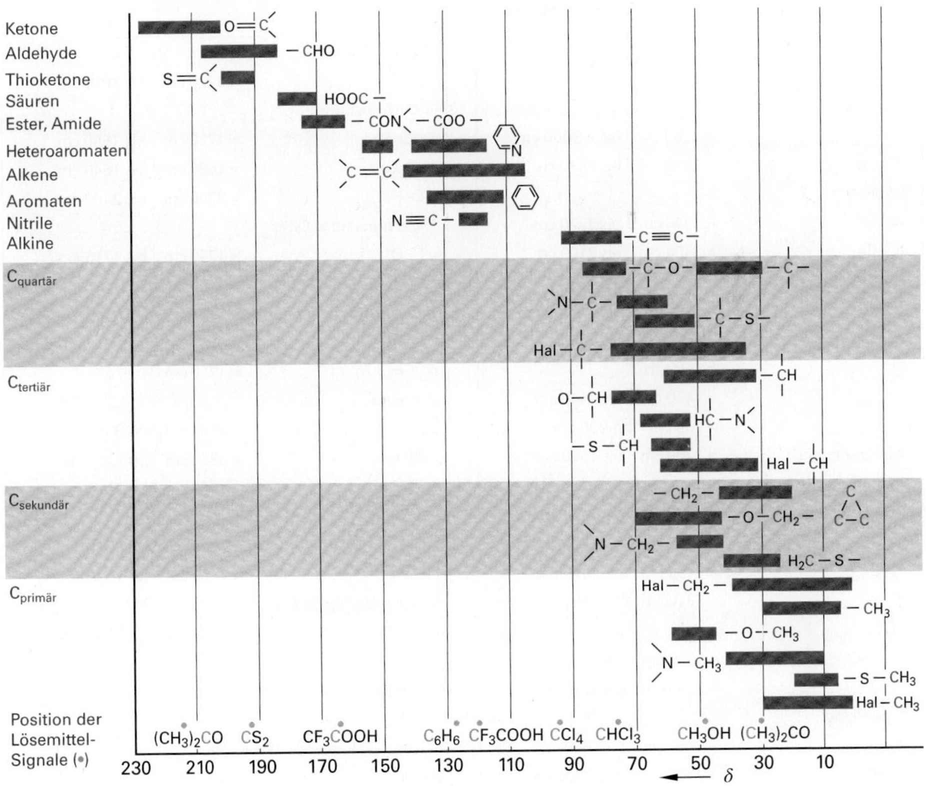

12.2 Infrarotspektroskopie

Charakteristische IR-Schwingungsbanden von Substanzklassen

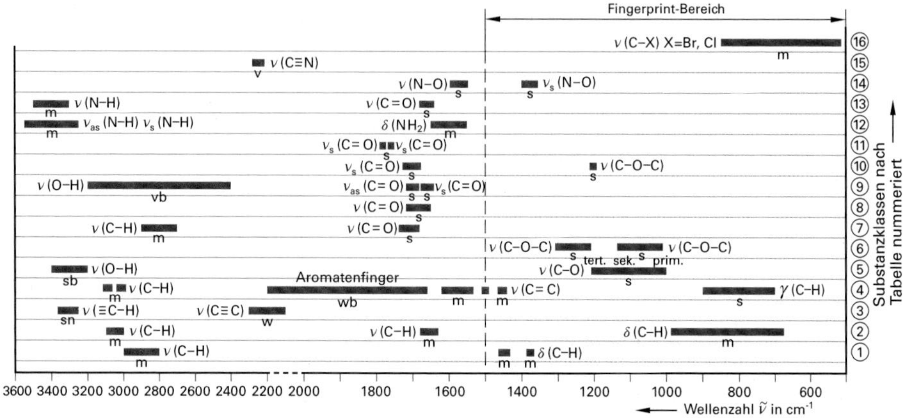

ν: Valenzschwingung, δ: in-plane-Deformationsschwingung, γ: out-of-plane-Deformationsschwingung, ν_s: symmetrische Valenzschwingung, ν_{as}: antisymmetrische Valenzschwingung, *s*: stark (strong), *m*: mittel (medium), *w*: schwach (weak), *b*: breit (broad), *n*: schmal (narrow), *v*: variabel (variable)

① Alkane, Alkyl-Gruppen	
$\nu(\text{C–H})_{\text{aliphatisch}}$	< **3000 cm^{-1}** bis 2800 cm^{-1}
② Alkene	
$\nu(\text{C–H})_{\text{olefinisch}}$	≈ 3100 cm^{-1} bis > **3000 cm^{-1}**
$\nu(\text{C=C})_{\text{olefinisch}}$	≈ 1680 cm^{-1} bis 1630 cm^{-1}
③ Alkine	
ν(≡C–H)	≈ 3340 cm^{-1} bis 3270 cm^{-1}
ν(C≡C)	≈ 2300 cm^{-1} bis 2100 cm^{-1}
④ Aromaten	
$\nu(\text{C–H})_{\text{aromatisch}}$	≈ 3100 cm^{-1} bis > **3000 cm^{-1}**
$\nu(\text{C=C})_{\text{aromatisch}}$	≈ 1620 cm^{-1} bis 1590 cm^{-1}
	≈ 1500 cm^{-1}
	≈ 1470 cm^{-1} bis 1440 cm^{-1}
$\gamma(\text{C–H})_{\text{aromatisch}}$	≈ 700 cm^{-1} bis 900 cm^{-1}
Aromatenfinger	≈ 2200 cm^{-1} bis 1660 cm^{-1}
⑤ Alkohole, Phenole	
ν(O–H)	≈ 3400 cm^{-1} bis 3200 cm^{-1}
$\nu(\text{C–O})_{\text{primär}}$	≈ 1075 cm^{-1} bis 1000 cm^{-1}
$\nu(\text{C–O})_{\text{sekundär}}$	≈ 1150 cm^{-1} bis 1075 cm^{-1}
$\nu(\text{C–O})_{\text{tertiär}}$	≈ 1210 cm^{-1} bis 1100 cm^{-1}
⑥ Ether	
$\nu(\text{C–O–C})_{\text{Diarylether}}$	≈ 1310 cm^{-1} bis 1210 cm^{-1}
$\nu(\text{C–O–C})_{\text{Dialkylether}}$	≈ 1140 cm^{-1} bis 1010 cm^{-1}
⑦ Aldehyde	
ν(C=O)	≈ 1740 cm^{-1} bis 1680 cm^{-1}
ν(C–H)	≈ 2900 cm^{-1} und 2700 cm^{-1} (2 Banden)

⑧ Ketone	
ν(C=O)	≈ 1720 cm^{-1} bis 1650 cm^{-1}
⑨ Carbonsäuren	
ν_{as}(C=O)	≈ 1720 cm^{-1} bis 1680 cm^{-1}
ν_s(C=O)	≈ 1680 cm^{-1} bis 1640 cm^{-1}
ν(O–H)	≈ 3200 cm^{-1} bis 2400 cm^{-1}
⑩ Carbonsäure-Ester	
ν(C=O)	≈ 1740 cm^{-1} bis 1715 cm^{-1}
ν(C–O–C)	≈ 1200 cm^{-1}
⑪ Carbonsäure-Anhydride	
ν_s(C=O)	≈ 1780 cm^{-1}
ν_{as}(C=O)	≈ 1750 cm^{-1}
⑫ Amine	
ν_{as}(N–H)	≈ 3550 cm^{-1} bis 3350 cm^{-1}
ν_s(N–H)	≈ 3370 cm^{-1} bis 3250 cm^{-1}
$\delta(\text{NH}_2)$	≈ 1650 cm^{-1} bis 1550 cm^{-1}
⑬ Amide	
ν(N–H)	≈ 3500 cm^{-1} bis 3300 cm^{-1}
ν(C=O)	≈ 1680 cm^{-1} bis 1630 cm^{-1}
⑭ Nitro-Verbindungen	
ν_{as}(N–O)	≈ 1590 cm^{-1} bis 1550 cm^{-1}
ν_s(N–O)	≈ 1400 cm^{-1} bis 1360 cm^{-1}
⑮ Nitrile	
ν(C≡N)	≈ 2270 cm^{-1} bis 2210 cm^{-1}
⑯ Alkyl-Halogenide (X = Br, Cl)	
ν(C–X)	≈ 850 cm^{-1} bis 515 cm^{-1}

12.3 Massenspektrometrie

Intensitäten von Molekülradikalkationen $M^{+\cdot}$

Substanzklasse	Gruppe	Relative Intensität von Molekülradikalkationen $M^{+\cdot}$
Alkane	linear oder verzweigt zyklisch	schwach oder abwesend stark
Alkene	linear oder zyklisch	stark
Alkine	endständig nicht endständig	schwach, M-1u stark stark
Aromaten		stark
Alkohole	linear oder zyklisch Benzylalkohole	schwach oder abwesend stark
Phenole		stark
Thiole		stärker als analoge Alkohole

Häufigkeit von Isotopen

Element	*M*(häufigstes Nuklid) in u	M	M+1u	M+2u
Wasserstoff	1	99,985 %	0,015 %	
Kohlenstoff	12	98,90 %	1,10 %	
Stickstoff	14	99,63 %	0,37 %	
Sauerstoff	16	99,762 %	0,038 %	0,200 %
Fluor	19	100 %		
Silicium	28	92,2 %	4,7 %	3,1 %
Phosphor	31	100 %		
Schwefel	32	95,0 %	0,8 %	4,2 %
Chlor	35	75,77 %		24,23 %
Brom	79	50,69 %		49,31 %
Iod	127	100 %		

Charakteristische Massen von Verunreinigungen

Verunreinigung	Charakteristische Peaks
Leck im System (Luft)	18 (H_2O), 28 (N_2), 32 (O_2), 40 (Ar), 44 (CO_2)
GC-Säulenbluten (Silyl-Verbindungen)	73, 147, 207, 221, 281, 355, 429
Pumpenöl (Kohlenwasserstoffe)	$95 + 14 \cdot n \quad (n = 1, 2, 3 \ldots)$
Weichmacher (Phthalate)	149, 279

Ionenserien homologer Reihen

Substanzklasse	Kleinstes Ion / Masse	Homologe Reihe $(n = 1, 2, 3 \ldots)$
Alkane	CH_3^+ / 15	$15 + n \cdot 14$
Amine, aliphat.	$CH_2NH_2^+$ / 30	$30 + n \cdot 14$
Alkohole, prim./Ether, aliphat.	CH_2OH^+ / 31	$31 + n \cdot 14$
Ketone, mit endständigem CH_3CO	CH_3CO^+ / 43	$43 + n \cdot 14$
Thiole, prim./Thioether, aliphat.	CH_2SH^+ / 47	$47 + n \cdot 14$

Charakteristische Fragmentionen und Neutralteilchen

m in u	Peak im Spektrum	Charakteristisch für	$\Delta m(P_1^+ \rightarrow P_2^+)$	Charakteristisch für
1			$^{\cdot}H$	Unspezifisch
2			H_2	Aromaten
15	CH_3^+	Alkylverbindungen	$^{\cdot}CH_3$	Alkane, Alkylverbindungen
17			$^{\cdot}OH$, NH_3	Alkohole, Säuren, Amine
18	H_2O^+	H_2O (Leck)	H_2O	Alkohole, Aldehyde, Ketone, Ether, Lactone
19	F^+	Fluorverbindungen	$^{\cdot}F$	Fluorverbindungen
20	HF^+	Fluorverbindungen	HF	Fluorverbindungen
26	$C_2H_2^+$, CN^+	Aromaten, Alkene, Nitrile	C_2H_2, $^{\cdot}CN$	Aromaten, Alkene, Nitrile
27			$^{\cdot}C_2H_3$, HCN	Ungesättigte KW, Nitrile
28	$C_2H_4^+$, CO^+, N_2^+	Carbonylverb., Ethylverb. Azoverbind., N_2 (Leck)	CO, C_2H_4, N_2	Carbonylverbindungen, verzweigte Alkane
29	$C_2H_5^+$	Alkylverbindungen	$^{\cdot}C_2H_5$, $^{\cdot}CHO$	Alkane, Aldehyde
30	NO^+, $CH_2NH_2^+$	Nitro-, Nitrosoverbindungen, primäre Amine	C_2H_6, CH_2O	Alkane, Alkohole, Lactone, Ether (zyklisch)
31	CH_2OH^+, $CH_3NH_2^+$	Alkohole, Ether, Acetale, Methylamine	$^{\cdot}OCH_3$, CH_3NH_2, $^{\cdot}N_2H_3$	Alkohole, Ether, Acetale, Methylamine, Hydrazide
32	S^+, O_2^+	Thiole, Thioether, O_2 (Leck)	CH_3OH, O_2, S	Methylester, -ether, Peroxide (zyklisch), Sulfide
33	SH^+	Thiole, Thioether, Isothiocyanate	$^{\cdot}SH$, $^{\cdot}CH_2F$	Thiole, Isothiocyanate, Fluormethylverbindungen
34	H_2S^+	Thiole	H_2S	Thiole
35	Cl^+	Chlorverbindungen	$Cl^{\cdot}$	Chlorverbindungen
36	HCl^+	Chlorverbindungen	HCl	Chlorverbindungen
39	$C_3H_3^+$	Aromaten	$C_3H_3^{\cdot}$	Aromaten
40	$C_3H_4^+$, Ar^+	Alkane, Ar (Leck)	CH_2CN	Cyanmethyl
41	$CH_2CH{=}CH_2^+$, $C_2H_2NH^+$	Alkene, Nitrile	$^{\cdot}CH_2CH{=}CH_2$	Alkene
42	$C_3H_6^{+\cdot}$, $CH_2CO^{+\cdot}$	verzweigte Alkane, Acetate, Acetylverbindungen	$CH_3CH{=}CH_2$	Propylester, Butylketone, -aromaten
43	CH_3CO^+, $C_3H_7^+$	Aldehyde, Ketone, Alkane	$^{\cdot}CH_3CO$, $^{\cdot}C_3H_7$	Aldehyde, Ketone, Alkane
44	CO_2^+, $C_2H_3OH^+$, NH_2CO^+, $C_2H_5NH_2^+$, $CH_2NHCH_3^+$	CO_2 (Leck), Aldehyde, Carbonsäureamide, Urethane, Amine	CO_2, C_2H_4O, C_3H_8, $^{\cdot}CH_3CHNH_2$	Carbonate, Anhydride, Cycloether, Ethylenketale, Amine
45	CH_3CHOH^+, $CH_2OCH_3^+$, $CH_3CH_2O^+$, $COOH^+$, CHS^+	Alkohole (tertiär, 2-OH), Methylether, Ethoxyverbindungen, Carbonsäuren, Thiole, Thioether	$^{\cdot}C_2H_5O$, $^{\cdot}CHO_2$, $CHS^{\cdot}$	Ethylester, -ether, Carbonsäuren, Thiole, Thioether
46	CH_2S^+, NO_2^+	Thiole, Thioether, Nitroverbindungen	C_2H_5OH, NO_2	Ethylester, -ether, Nitroverbindungen
47	CH_2SH^+, CCl^+	Thiole, Chlorverbindungen	$CH_3S^{\cdot}$, HNO_2	Thiole, Nitroverbindungen
48	$CHCl^+$, CH_3SH^+, SO^+	Chlorverb., Thiole, Thioether, Sulfone, Sulfoxide	CH_3SH, SO	Thiole, Thioether, Sulfone, Sulfoxide, Sulfonate
49	CH_2Cl^+	Chlormethylverbindungen	$^{\cdot}CH_2Cl$	Chlormethylverbindungen
51	$C_4H_3^+$	Aromaten		
55	$C_4H_7^+$, $C_3H_3O^+$	Alkene, Butylester, -amide	$^{\cdot}C_4H_7$	Cycloalkane, Butylester

m in u	Peak im Spektrum	Charakteristisch für	$\Delta m(P_1^+ \rightarrow P_2^+)$	Charakteristisch für
56	$C_4H_8^+$	Alkane	$C_3H_6{=}CH_2$, C_3H_4O	Butylester, -amide, verzw. Alkane, Tetralone
57	$C_4H_9^+$	Alkylverbindungen	$^{\bullet}C_4H_9$, $^{\bullet}C_2H_5CO$	Alkane, Ethylketone
58	$CH_2{=}CCH_3OH^+$	Ketone	C_4H_{10}, C_3H_6O, C_3H_8N	Alkane, Methylketone, Amine
59	CH_3CHO^+, $CH_2C(OH)NH_2^+$	Methylester, Amide	C_3H_9N, $^{\bullet}C_3H_7O$, $^{\bullet}C_2H_3O_2$	Propylester, -ether, Methylester
60	CH_3COOH^+, $CH_2C(OH)OH^+$	Acetate, Carbonsäuren	C_3H_8O, $C_2H_4O_2$	Propylester, -ether, Acetate
61	$CH_3CH_2S^+$	Thiole, Thioether	$^{\bullet}C_2H_5O_2$, $C_2H_5S^{\bullet}$	Ethylenketale, Glykole, Ethylsulfide
62			$C_2H_6O_2$, C_2H_6S	Ethylenglykole, -ketale, Ethylsulfide
63	$C_5H_3^+$	Aromaten	$^{\bullet}C_2H_4Cl$	Chlorethylverbindungen
64			SO_2, S_2	Sulfone, Sulfonate, Disulfide
65	$C_5H_5^+$	Benzylverbindungen	$^{\bullet}S_2H$	Disulfide
68			C_5H_8, C_4H_4O	Cyclohexene,Cyclohexanone
69	CF_3^+	Triluormethylverbindungen, PFTBA	$^{\bullet}C_5H_9$, $^{\bullet}CF_3$	Alkene, Trifluormethylverbindungen
70	$C_4H_8N^+$	Pyrrolidine		
71	$C_5H_{11}^+$	Alkylverbindungen	$^{\bullet}C_5H_{11}$	Alkane
73	$CH_2CHC(OH)OH^+$, $Si(CH_3)_3^+$, $CH_3C(O)OCH_2^+$	Carbonsäuren, Acetate, Trimethylsilylverbindungen		
74	$CH_2C(OH)OCH_3^+$	Carbonsäuremethylester		
75	$C_6H_3^+$, $CH_3OCHOCH_3^+$	Aromaten, Dimethylacetale		
77	$C_6H_5^+$	Aromaten		
78			$^{\bullet}C_6H_6$	Aromaten
79	$C_6H_7^+$, Br^+	Aromaten, Bromverbindungen	$Br^{\bullet}$	Bromverbindungen
80	$(C_4H_4N)CH_2^+$, HBr^+	Alkylpyrrole, Bromverbindungen	HBr	Bromverbindungen
81	$(C_4H_4N)CH_3^+$, $C_5H_5O^+$	N-Alkylpyrrole, Alkylfurane, Pyrane		
85	$C_6H_{13}^+$	Alkylverbindungen	$^{\bullet}C_6H_{13}$	Alkane
89	$C_7H_5^+$	Benzylverbindungen		
91	$C_7H_7^+$	Benzylverbindungen	$C_6H_5CH_2^{\bullet}$	Benzylverbindungen
94	$C_6H_6O^+$	Phenoxyverbindungen		
99	$C_7H_{15}^+$	Alkylverbindungen	$^{\bullet}C_7H_{15}$	Alkane
105	$C_6H_5CO^+$, $C_6H_5CH_2CH_2^+$	Benzoylverb., Alkylbenzole		
107	$C_6H_5CHOH^+$	Benzylalkohole, -ether		
120	$C_7H_4O_2^+$	Salicylate		
121	$C_6H_4(OH)CO^+$	Hydroxybenzoylverbindungen		
127	I^+	Iodverbindungen		
128	HI^+	Iodverbindungen		
149	$C_8H_5O_3^+$	Phthalate		

13 Physikalisch-chemische/technische Daten

13.1 Wichtige radioaktive Nuklide

OZ: **Ordnungszahl**, Protonenzahl
A: **Nukleonenzahl** (Anzahl der Neutronen und Protonen)
$T_{1/2}$: **Halbwertszeit**
a: **Jahr** (lat.: annus) d: **Tag** (lat.: dies)
h: **Stunde** (lat.: hora) m: **metastabil**
α: **Alpha-Zerfall**, Emission von Alphateilchen (Heliumkerne $^4_2He^{2+}$)
β: **Beta-Zerfall**, Emission von Elektronen (β^-) oder Positronen (β^+)
γ: **Gamma-Zerfall**, Emission von Photonen
IT: **interner Übergang**, Emission von Photonen (engl.: internal (isomeric) transition)
ε: **Elektroneneinfang**, Absorption von Elektronen (engl.: electron capture)

Element	OZ	*A*	Häufigkeit	$T_{1/2}$	Zerfall
H (T)	1	3	Spuren	12,32 a	^{3}He, β^-
C	6	14	Spuren	5730 a	^{14}N, β^-
F	9	18	Spuren	109,7 min	^{18}O, β^+ (97 %), ε (3 %)
Co	27	60	Spuren	5,27 a	^{60}Ni, β^-, γ
Y	39	90	künstlich	2,7 d	^{90}Zr, β^-, γ
Tc	43	99 (m)	künstlich	6,01 h	^{99}Tc, IT, γ, ^{99}Ru, β^-, γ
I	53	123 124 125 131	künstlich künstlich künstlich künstlich	13 h 4,176 d 59,40 d 8,02 d	^{123}Te, β^+ ^{124}Te, ε ^{125}Te, ε ^{131}Xe, β^-, γ
Cs	55	137	künstlich	30,08 a	^{137}Ba, β^-, γ
Rn	86	222	Spuren	3,82 d	^{218}Po, α
U	92	233 234 235 238	Spuren 0,005 % 0,72 % > 99 %	$1{,}592 \cdot 10^5$ a $2{,}455 \cdot 10^5$ a $7{,}04 \cdot 10^8$ a $4{,}468 \cdot 10^9$ a	^{229}Th, α ^{230}Th, α ^{231}Th, α ^{238}Pu, β^-
Pu	94	238 239 240 241	Spuren Spuren Spuren künstlich	87,74 a $2{,}41 \cdot 10^4$ a 6561 a 14,33 a	^{234}U, α ^{235}U, α ^{236}U, α ^{241}Am, β^-

13.2 Kennzahlen von Wasser

Kennzahl		H_2O	HDO	D_2O	T_2O
Molare Masse	M	$18{,}0153\ g \cdot mol^{-1}$	$19{,}0214\ g \cdot mol^{-1}$	$20{,}0276\ g \cdot mol^{-1}$	$22{,}0315\ g \cdot mol^{-1}$
Volumen, molares	$V_{m,l}$	$18{,}0685\ cm^3 \cdot mol^{-1}$ (25 °C)	$18{,}101\ cm^3 \cdot mol^{-1}$ (25 °C)	$18{,}1331\ cm^3 \cdot mol^{-1}$ (25 °C)	$18{,}1549\ cm^3 \cdot mol^{-1}$ (25 °C)
Dichte (1013,25 mbar)	ϱ_s	$0{,}91672\ g \cdot mL^{-1}$ (0 °C)		$1{,}0175\ g \cdot mL^{-1}$ (3,82 °C)	
	ϱ_l	$0{,}998207\ g \cdot mL^{-1}$ (20 °C)	$1{,}054\ g \cdot mL^{-1}$ (20 °C)	$1{,}1056\ g \cdot mL^{-1}$ (20 °C)	$1{,}2138\ g \cdot mL^{-1}$ (20 °C)
	ϱ_g	$0{,}598\ g \cdot L^{-1}$ (100 °C)			
Schmelztemperatur (1013,25 hPa)	ϑ_m	0,002519 °C	2,04 °C	3,82 °C	4,48 °C
Siedetemperatur (1013,25 hPa)	ϑ_b	99,98 °C	100,7 °C (HDO) 100,8 °C (HTO)	101,40 °C	101,51 °C
Tripelpunkt (6,09 mbar)		0,010 °C = 273,16 K	2,04 °C =275,19 K	3,82 °C = 276,969 K	4,49 °C = 277,64 K
pH-Wert (Neutralpunkt)		6,998 (25 °C)	7,266 (25 °C)	7,44 (25 °C)	7,46 (HTO, 25 °C)
Diffusionskoeffizient, translationaler	D	$0{,}2299 \cdot 10^{-20}\ m^2 \cdot ps^{-1}$ (25 °C)	$0{,}234 \cdot 10^{-20}\ m^2 \cdot ps^{-1}$ (25 °C)	$0{,}2109 \cdot 10^{-20}\ m^2 \cdot ps^{-1}$ (25 °C)	$0{,}244 \cdot 10^{-20}\ m^2 \cdot ps^{-1}$ (HTO, 25 °C)

Kennzahl		H_2O	D_2O
Bindungswinkel		104,45° H-O-H	106° D-O-D
Bindungslänge H-O bzw. D-O	(l) (g)	98,5 pm 99,0 pm	97,2 pm 96,9 pm
Bindungsenergie H-O bzw. D-O bei 0 °C	ΔH	458,9 kJ · mol^{-1} · Bindung^{-1} (0 °C)	466,4 kJ · mol^{-1} · Bindung^{-1} (0 °C)
Standardbildungsenthalpie	$\Delta_f H_m^0$	285,85 kJ · mol^{-1}	294,6 kJ · mol^{-1}
Molare *Gibbs* Standard-bildungsenthalpie	$\Delta_f G_m^0$	–237,18 kJ · mol^{-1} (25 °C)	–243,44 kJ · mol^{-1} (25 °C)
Molare Entropie	S_m(l) S_m(g)	6,618 J · mol^{-11} · K^{-1} (25 °C) 132,5 J · mol^{-11} · K^{-1} (100 °C)	 216,60 J · mol^{-1} · K^{-1} (100 °C)
Ionenprodukt	K_w	1,0 · 10^{-14} mol^2 · L^{-2} (25 °C)	1,352 · 10^{-15} mol^2 · L^{-2} (25 °C)
Dissoziationskonstante	K	1,821 · 10^{-16} mol · L^{-1} (25 °C) 3,8 · 10^{-22} mol · L^{-1} (–10 °C)	3,54 · 10^{-17} mol · L^{-1} (25 °C) 1,9 · 10^{-23} mol · L^{-1} (–10 °C)
Standarddissoziationsenthalpie	ΔH^0	79,91 kJ · mol^{-1} ($2\,H_2O \rightarrow H_3O^+ + OH^-$)	84,88 kJ · mol^{-1} ($2\,D_2O \rightarrow D_3O^+ + OD^-$)
Schmelzenthalpie, molare spezifische	 $\Delta H_{m,s}$ Δh_s	 6,00678 kJ · mol^{-1} 334,94 kJ · kg^{-1}	 6,132 kJ · mol^{-1}
Verdampfungsenthalpie, molare spezifische	 $\Delta H_{m,v}$ Δh_v	 40,657 kJ · mol^{-1} 2256,7 kJ · kg^{-1}	 41,521 kJ · mol^{-1}
Verdampfungsentropie, molare	$S_{m,v}$	108,95 J · mol^{-1} · K^{-1} (0 °C)	22,15 J · mol^{-1} · K^{-1} (3,68 °C)
Kritische Temperatur	ϑ_c	374,15 °C	371,1 °C
Kritischer Druck	p_c	22,12 MPa	21,88 MPa
Viskosität, dynamische (20 °C, 1013,25 hPa)	η	1,0016 mPa · s	1,2467 mPa · s
Wärmekapazität, molare, bei $\Delta T = 0$ spezifische	$C_{m,p}$(s) $C_{m,p}$(l) $C_{m,p}$(g) c(l)	37,8 J · mol^{-1} · K^{-1} (–5 °C) 74,539 J · mol^{-1} · K^{-1} (14,5…15,5 °C, 25 °C) 36,2 J · mol^{-1} · K^{-1} (< 500 °C) 4,1868 J · g^{-1} · K^{-1} (20 °C)	84,42 J · mol^{-1} · K^{-1} (4 … 25 °C)
Wärmeleitzahl	λ λ_{max}	0,597 W · m^{-1} · K^{-1} (20 °C) 0,610 W · m^{-1} · K^{-1} (25 °C) 2,33 W · m^{-1} · K^{-1} (–20 °C) 0,686 W · m^{-1} · K^{-1} (133 °C)	 0,595 W · m^{-1} · K^{-1} (25 °C) 0,636 W · m^{-1} · K^{-1} (113 °C)
Spezifischer Widerstand bei 25 °C	ϱ	18,2 MΩ · cm = 1,82 · 1011 Ω · mm^2 · m^{-1}	
Oberflächenspannung	σ	0,07198 N · m^{-1} (25 °C)	0,07187 N · m^{-1} (25 °C)
Elektrisches Dipolmoment	p_s p_l p_s	3,09 C · m 2,95 C · m (27 °C) 1,855 C · m	 1,87 C · m
Brechzahl	n_D	1,333 (20 °C)	1,328 (20 °C)
Schallgeschwindigkeit in Wasser (Phasengeschwindigkeit)	c	3250 m · s^{-1} (–4 °C) 1484 m · s^{-1} (25 °C) 477 m · s^{-1} (100 °C)	1399,2 m · s^{-1} (–4 °C)
Grenzwinkel der Totalreflektion	ε_g	48,60° (20 °C)	

13.3 Kennzahlen ausgewählter wässriger Lösungen bei 20 °C

η: **dynamische Viskosität der wässrigen Lösung** in mPa · s bei p = 1013,25 hPa
$\Delta\vartheta_m$: **molare Gefriertemperaturerniedrigung** in °C
w: **Massenanteil** des gelösten Stoffes in %
n_D: **Brechzahl** (Brechungsindex)
ϱ: **Dichte** der Lösung in g · mL^{-1}
c: **Stoffmengenkonzentration** in mol · L^{-1}

Gelöster Stoff	w in %	c in mol · L^{-1}	ϱ in g · mL^{-1}	n_D	$\Delta\vartheta_m$ in °C	η in mPa · s
Ethansäure (Essigsäure) CH_3COOH	1,0	0,166	0,9996	1,3337	0,32	1,022
	2,0	0,333	1,0011	1,3345	0,63	1,042
	5,0	0,837	1,0052	1,3366	1,58	1,105
	10,0	1,685	1,0121	1,3402	3,23	1,210
	20,0	3,414	1,0250	1,3472	6,81	1,431
	30,0	5,180	1,0369	1,3537	10,84	1,669
	40,0	6,977	1,0474	1,3598		1,912
	70,0	12,441	1,0673	1,3738		2,629
	100,0	17,447	1,0477	1,3716		1,223
Methansäure (Ameisensäure) HCOOH	1,0	0,217	1,0006	1,3336	0,42	1,011
	2,0	0,436	1,0029	1,3342	0,82	1,017
	5,0	1,097	1,0102	1,3359	2,10	1,039
	10,0	2,221	1,0224	1,3387	4,27	1,070
	20,0	4,548	1,0467	1,3437	9,11	1,132
	52,0	12,633	1,1183	1,3581	29,69	1,340
	68,0	17,054	1,1544	1,3641		1,490
Ethanol C_2H_5OH	1,0	0,216	0,9963	1,3336	0,40	1,046
	2,0	0,432	0,9945	1,3342	0,81	1,095
	5,0	1,074	0,9893	1,3360	2,09	1,228
	10,0	2,131	0,9819	1,3395	4,47	1,501
	20,0	4,205	0,9687	1,3469	10,92	2,142
	30,0	6,212	0,9539	1,3535	20,47	2,667
	40,0	8,120	0,9352	1,3583	29,26	2,846
	70,0	13,183	0,8676	1,3652		2,214
	96,0	16,697	0,8013	1,3636		1,342
Methanol CH_3OH	1,0	0,311	0,9964	1,3332	0,56	1,040
	2,0	0,621	0,9947	1,3334	1,14	1,070
	5,0	1,544	0,9896	1,3341	3,02	1,163
	10,0	3,064	0,9816	1,3354	6,60	1,329
	20,0	6,034	0,9666	1,3381	15,02	1,604
	30,0	8,908	0,9514	1,3407	25,91	1,795
	40,0	11,669	0,9347	1,3425	38,60	1,837
	70,0	19,040	0,8715	1,3411		1,368
	100,0	24,710	0,7917	1,3290		0,586
Glycerin $C_3H_8O_3$	1,0	0,109	1,0005	1,3342	0,18	1,022
	5,0	0,548	1,0097	1,3388	1,08	1,12
	10,0	1,109	1,0215	1,3448	2,32	1,291
	20,0	2,271	1,0459	1,3572	5,46	1,737
	52,0	6,385	1,1308	1,4011		6,666
	80,0	10,498	1,2085	1,4431		59,90
	100,0	13,694	1,2611	1,4735		1480

Gelöster Stoff	w in %	c in $mol \cdot L^{-1}$	ϱ in $g \cdot mL^{-1}$	n_D	$\Delta\vartheta_m$ in °C	η in $mPa \cdot s$
Natriumhydroxid NaOH	1,0	0,252	1,0095	1,3358	0,86	1,054
	5,0	1,317	1,0538	1,3467	4,57	1,329
	10,0	2,772	1,1089	1,3597	10,47	1,882
	20,0	6,096	1,2192	1,3840		4,619
	30,0	9,958	1,3277	1,4051		13,517
	40,0	14,300	1,4299	1,4215		36,312
Kaliumhydroxid KOH	1,0	0,179	1,0068	1,3350	0,61	1,019
	5,0	0,929	1,0419	1,3427	3,36	1,102
	10,0	1,938	1,0873	1,3520		1,233
	20,0	4,213	1,1818	1,3707		1,619
	30,0	6,851	1,2813	1,3889		2,357
	40,0	9,896	1,3881	1,4068		3,879
NH_3 wässrig	1,0	0,584	0,9938	1,3335	1,14	1,015
	5,0	2,868	0,9770	1,3354	6,08	1,071
	10,0	5,622	0,9575	1,3381	13,55	1,141
	26,0	13,801	0,9040	1,3477	60,77	1,288
HCl	1,0	0,275	1,0031	1,3353	0,99	1,015
	5,0	1,403	1,0228	1,3445	5,98	1,075
	10,0	2,873	1,0476	1,3561	15,40	1,161
	20,0	6,023	1,0980	1,3792		1,374
	30,0	9,456	1,1492	1,4020		1,705
	38,0	12,388	1,1886	1,4204		2,105
H_2SO_4	1,0	0,102	1,0049	1,3342	0,42	1,019
	2,0	0,206	1,0116	1,3355	0,80	1,036
	5,0	0,526	1,0318	1,3391	2,05	1,112
	10,0	1,087	1,0661	1,3451	4,64	1,230
	20,0	2,324	1,1398	1,3576	13,64	1,546
	30,0	3,729	1,2191	1,3701	36,21	2,001
	40,0	5,313	1,3028	1,3821		2,690
	60,0	9,168	1,4987	1,4077		5,917
	96,0	17,966	1,8355			26,90
H_3PO_4	1,0	0,102	1,0038	1,3340	0,24	1,020
	2,0	0,206	1,0092	1,3349	0,46	1,050
	5,0	0,523	1,0254	1,3376	1,16	1,138
	10,0	1,075	1,0531	1,3422	2,45	1,303
	20,0	2,273	1,1135	1,3520	6,23	1,788
	30,0	3,614	1,1804	1,3625	13,23	2,553
	40,0	5,117	1,2536	1,3735	23,58	3,856
	60	8,786	1,4352	1,382	83,0	6,60
	75,0	11,679	1,579	1,394	17,5	24,0
NaCl	1,0	0,172	1,0053	1,3347	0,59	1,020
	2,0	0,346	1,0125	1,3365	1,19	1,036
	5,0	0,885	1,0340	1,3418	3,05	1,085
	10,0	1,832	1,0707	1,3505	6,56	1,193
	20,0	3,928	1,1478	1,3684	16,46	1,557
	26,0	5,326	1,1972	1,3795		1,990

13.4 Dynamische Viskositäten

η: **dynamische Viskosität** in mPa · s bei p = 1013,25 hPa
ϑ: **Temperatur** in °C

ϑ °C	0	10	20	30	40	50	60	80	100	120
Stoff	**η in mPa · s**									
Wasser	1,788	1,305	1,004	0,801	0,653	0,550	0,470	0,355	0,282	
Methanol	0,817	0,686	0,584	0,510	0,450	0,396	0,351			
Essigsäure		1,45	1,21	1,04	0,90	0,79	0,70	0,56	0,46	
Ethanol	1,78	1,46	1,19	1,00	0,825	0,701	0,591	0,435		
Glycerin	12070	3950	1412	612	284	142	81,3	31,9	14,8	
Diethyether	0,296	0,268	0,243	0,220	0,199		0,166	0,140	0,118	
Toluol	0,772		0,590		0,471		0,381			
Anilin	10,20	6,50	4,40	3,16	2,37	1,85	1,51	1,27	1,09	0,825

13.5 Brennwerte (Verbrennungsenthalpien)

$H_{o,m}$: **molarer Brennwert** (in kJ · mol^{-1}, Index o: früher oberer Heizwert, Index m: molar) In der Chemie die bei vollständiger Verbrennung von 1 mol Substanz frei werdende Wärmeenergie. Dabei entstehender Wasserdampf wird als kondensiert berechnet (ϑ = 25 °C, p = 1013,25 hPa). Negatives Vorzeichen.

H_o: **spezifischer Brennwert** (in kJ · kg^{-1}, Index o: früher oberer Heizwert). In der Technik analog $H_{o,m}$ die bei vollständiger Verbrennung von 1 kg Brennstoff frei werdende Wärmeenergie. Ohne Vorzeichen.

AgZ: **Aggregatzustand**, l: flüssig (engl.: liquid), g: gasförmig (engl.: gaseous), s: fest (engl.: solid)

Verbindung	Formel	AgZ	$H_{o,m}$ in kJ · mol^{-1}	H_o in kJ · kg^{-1}
Aceton (Propanon)	CH_3COCH_3	l	−1 804,1	-31 062
Ameisensäure	HCOOH	l	−270,0	−5 866
Anilin	$C_6H_5NH_2$	l	−3 399,3	−36 501
Benzaldehyd	C_6H_5CHO	l	−3 536,2	−33 320
Benzoesäure	C_6H_5COOH	s	−3 229,7	−26 446
Benzol	C_6H_6	l	−3 269,9	−41 860
Butan	C_4H_{10}	g	−2 880,4	−49 560
Campher	$C_{10}H_{16}O$	s	−5 907,6	−38 805
Cyclohexan	C_6H_{12}	l	−3 922,5	−46 610
Diethylether	$(C_2H_5)_2O$	l	−2 732,7	−36 867
1,4-Dioxan	$(CH_2)_4O_2$	l	−2 350,9	−26 682
Ethan	C_2H_6	g	−1 560,9	−51 910
Ethanol	C_2H_5OH	l	−1 367,7	−29 688
Ethen	C_2H_4	g	−1 411,9	−50 330
Ethin (Acetylen)	C_2H_2	g	−1 300,5	−49 950
Ethylacetat	$CH_3COOC_2H_5$	l	−2 255,7	−29 643
Essigsäure, Ethansäure	CH_3COOH	l	−872,1	−14 522
Glucose	$C_6H_{12}O_6$	s	−2 817,7	−15 640
Glycerin, Propantriol	$CH_2(OH)CH(OH)CH_2OH$	l	−1 666,3	−18 093
Glykol, Ethandiol	$(CH_2OH)_2$	l	−1 193,7	−19232

Verbindung	Formel	AgZ	$H_{o,m}$ in kJ · mol⁻¹	H_o in kJ · kg⁻¹
Harnstoff	$CO(NH_2)_2$	s	−632,4	−10530
Hexan	C_6H_{14}	l	−4165,9	−48340
Kohlenstoffdisulfid	CS_2	l	−1076	−14134
Kohlenstoffmonoxid	CO	g	−283,45	−10119
Methan	CH_4	g	−890,91	−55530
Methanol	CH_3OH	l	−727,1	−22692
Methylacetat	CH_3COOCH_3	l	−1596,0	−21544
Naphthalin	$C_{10}H_8$	s	−5157,3	−40240
Nitrobenzol	$C_6H_5NO_2$	l	−3099,9	−25179
Octan	C_8H_{18}	l	−5474,24	−47923
Oxalsäure, Ethandisäure	$(COOH)_2$	s	−251,6	−2794
Phenol	C_6H_5OH	s	−2988,54	−31756
Pikrinsäure	$C_6H_2OH(NO_2)_3$	s	−2561,9	−9311
Propan	C_3H_8	g	−2221,5	−50380
Propanol	$CH_3CH_2CH_2OH$	l	−2018,9	−33592
Propen (Propylen)	C_3H_6	g	−2059,9	−48950
Saccharose	$C_{12}H_{22}O_{11}$	s	−5652,2	−16512
Toluol	$C_6H_5CH_3$	l	−3912,6	−42460
Wasserstoff	H_2	g	−282,73	−140250

13.6 Explosionsgrenzen von Gas-Luft-Gemischen

σ: **Volumenkonzentration** des Gases oder Dampfes in Luft in %

TSI: **Selbstentzündungstemperatur** des explosionsfähigen Gemisches in °C

Gas, Dampf	Explosionsgrenze untere σ in %	obere σ in %	TSI in °C
Aceton, Propanon	2,15	13,0	604
Ammoniak	16	27,0	780
Benzin[1])	≈ 1	≈ 6	≈ 240
Benzol	1,4	8	580
Chlorethan	8,2	19,7	538
Chlormethan	3,6	14,8	
Diethylether	1,7	48	186
Essigsäure	4,0	17	568
Ethan	3,12	15,0	510
Ethanol	3,28	19	426

Gas, Dampf	Explosionsgrenze untere σ in %	obere σ in %	TSI in °C
Ethin	2,5	80	335
Heptan	1	6	233
Kohlenmonoxid	12,5	74,2	651
Kohlenstoffdisulfid	1,0	50	95
Methan	5,3	13,9	537
Methanol	6,0	36,5	400
Propan	2,37	9,5	466
Pyridin	1,8	12,4	573
Wasserstoff	4,1	74,2	580
Schwefelwasserstoff	4,3	45,3	270

[1]) Gemisch unterschiedlicher Kohlenwasserstoffe

13.7 Azeotrop siedende Gemische

ϑ_b: **Siedetemperatur** der reinen Komponente in °C
ϑ_b(aG): **Siedetemperatur** des azeotropen Gemischs in °C bei $p = 1013{,}25$ hPa
w(K I/II): **Massenanteil** der Komponenten I bzw. II im azeotropen Gemisch in %

Siedetemperaturmaximum

Komponente I		Komponente II		Azeotropes Gemisch		
	ϑ_b in °C		ϑ_b in °C	w(K I) in %	w(K II) in %	ϑ_b(aG) in °C
Butan-1-ol	117,8	Pyridin	115,5	69,0	31,0	118,6
Essigsäure	118,1	1,4-Dioxan	101,4	77,0	23,0	119,5
Phenol	181,4	Anilin	183,9	41,9	58,1	185,8
Pyridin	115,5	Phenol	181,4	13,1	86,9	183,1
Wasser	100,0	Ameisensäure	100,8	22,5	77,5	107,3
Wasser	100,0	Bromwasserstoff	–66,8	52,1	47,9	126,0
Wasser	100,0	Chlorwassersoff	–85,0	79,8	20,2	108,5
Wasser	100,0	Fluorwasserstoff	19,5	66,0	34,0	120,0
Wasser	100,0	Iodwasserstoff	–35,4	43,2	56,8	127,0
Wasser	100,0	Salpetersäure	86,0	31,5	68,5	120,5

Siedetemperaturminimum

Komponente I		Komponente II		Azeotropes Gemisch		
	ϑ_b in °C		ϑ_b in °C	w(K I) in %	w(K II) in %	ϑ_b(aG) in °C
Acetonitril	81,6	Wasser	100,0	83,7	12,3	76,5
Acetonitril	81,6	Ethanol	78,5	44,0	56,0	72,5
Acetonitril	81,6	Toluol	110,6	80,1	18,9	81,4
Aceton	56,2	Cyclohexan	80,8	67,5	323,5	53,0
Cyclohexan	80,8	Methanol	64,6	63,6	36,4	53,9
Essigsäure	118,1	Toluol	110,6	28,1	71,9	100,6
Ethanol	78,5	Ethylacetat	77,1	30,0	70,0	72,0
Ethanol	78,5	Trichlormethan	61,7	7,0	93,0	59,4
Ethanol	78,5	Toluol	110,6	68,0	32,0	76,7
Ethanol	78,5	Wasser	100,0	95,5	4,5	78,2
Ethylacetat	77,1	n-Hexan	68,7	39,9	60,1	65,2
Methanol	64,6	Toluol	110,6	72,5	27,5	63,5
Propan-2-ol	82,5	Cyclohexan	80,8	32,0	68,0	69,4
Wasser	100,0	1,4-Dioxan	101,4	20,0	80,0	87,0
Wasser	100,0	Butan-1-ol	117,4	42,5	57,5	92,7
Wasser	100,0	Pyridin	115,5	41,3	58,7	93,6

14 Lösemittel, Lösungen und Gase

14.1 Löslichkeit von Feststoffen und Gasen in Wasser

L^*: **Löslichkeit** von Feststoffen in g reiner, kristallwasserfreier Stoff gelöst in 100 g Wasser bzw.
Löslichkeit von Gasen in g/100 g Wasser beim Gesamtdruck 1013,25 hPa

ϑ: **Temperatur** in °C

ϑ in °C	**0**	**10**	**20**	**30**	**40**	**50**	**60**	**80**	**100**
Gelöster Stoff	**L^* in g/100 g Wasser**								
Feststoffe									
$AgNO_3$	115,0	159,4	215,5	281,7	334,8	400	471,1	651,9	1023,6
$Al_2(SO_4)_3$	31,4	33,3	36,8	40,4	46,0	52,2	57,2	71,5	88,7
$BaCl_2$	30,7	33,3	35,1	38,2	40,8	43,6	46,2	52,0	58,7
$Ba(OH)_2$	1,52	2,56	4,06		8,58		21,2	115,0	171,0
$BaSO_4$	$1{,}70 \cdot 10^{-4}$		$2{,}5 \cdot 10^{-4}$		$3{,}2 \cdot 10^{-4}$		$3{,}5 \cdot 10^{-4}$		$3{,}9 \cdot 10^{-4}$
$CaCl_2$	58,7	65,3	73,9	102	127,2		138,1	149,4	157,7
$Ca(HCO_3)_2$	16,15		16,6		17,05		17,5	17,95	18,40
$Ca(OH)_2$	0,190		0,17		0,13		0,11	0,087	0,066
$CaSO_4$	0,167		0,204		9,212		0,15	0,1	0,065
$CdSO_4$	75,44		77,0		79,5		73,9	64,2	60,8
$CuSO_4$	14,3	16,8	20,3		28,5	33,3	39,8	56,0	77,0
$FeCl_3$	75,4	81,8	92,3	106,6	289	315	376	525	533
$FeSO_4$	16,0	20,5	26,6	33,0	39,9	48,6	57,7	42,8	
$HgCl_2$	4,49	5,37	6,6	8,1	9,65		15,3	28,2	53,8
$KAl(SO_4)_2$	3,09	4,17	5,82	8,4	11,35		24,2	50,38	155,1
KCl	28,2	31,2	34,2	37,3	39,8	43,1	45,6	50,6	55,3
$KClO_4$	0,705	1,1	1,73		4,28		8,11	13,6	21,9
K_2CO_3	102,8	108,3	110,5	117,4	121,2		127,3	138,1	156,4
K_2CrO_4	58,7	61,3	62,6		66,7		70,9	75,4	78,6
$K_2Cr_2O_7$	4,71	7,87	12,4		26,6		47,0	72,4	102,0
$KMnO_4$	3,09	4,16	6,38	9,0	12,5	16,9	21,9		
KNO_3	13,0	21,2	31,6	45,6	64,7	85,7	110,9	166,7	245,2
K_2SO_4	7,53	9,29	11,1	12,9	14,6	16,5	17,9	21,2	24,1
Li_2CO_3	1,53	1,435	1,34	1,25	1,16	1,19	1,00	0,847	0,735
$LiOH$	12,6	12,7	12,74		13,0	13,0	14,0	15,2	17,65
$MgSO_4$	26,0	31,0	34,81	40,8	44,1		54,4	56,0	49,0
$Na_2B_4O_7$	1,11	1,63	2,56	3,90	6,38	9,78	17,65	25,0	39,5
$NaCl$	35,7	35,8	36,05	36,15	36,6	36,7	37,0	37,9	38,9
Na_2CO_3	6,95	12,4	21,8	39,7	48,8	47,4	46,0	44,1	44,1
$NaHCO_3$	6,95	8,11	9,41	11,1	12,6	14,45	15,9	18,2	23,7
NH_4Cl	29,9	33,3	37,0	41,4	47,1	50,4	53,8	66,7	78,6
$PbCl_2$	0,63	0,75	0,98	1,20	1,44	1,70	2,01	2,62	3,31
PbI_2	0,044	0,05	0,066	0,090	0,12	0,153	0,20	0,30	0,442
$SrSO_4$	$1{,}13 \cdot 10^{-3}$				$1{,}2 \cdot 10^{-3}$				
$ZnSO_4$	41,6	47,1	53,8	61,3	70,4	75,7	76,5	66,7	60,5
Gase									
Cl_2	1,46	0,997	0,729	0,572	0,459	0,392	0,329	0,223	0,000
CO_2	0,335	0,232	0,196	0,126	0,0973	0,0761	0,0576		
HCl	82,5	77,2	72,1	67,2	63,3	59,6	56,1		
H_2S	0,707	0,511	0,385	0,298	0,236	0,188	0,148	0,0765	0,000
NH_3	87,5	67,9	52,6	40,3	30,7	22,9		15,4	7,4
O_2	$6{,}96 \cdot 10^{-3}$	$5{,}37 \cdot 10^{-3}$	$4{,}34 \cdot 10^{-3}$	$3{,}59 \cdot 10^{-3}$	$3{,}08 \cdot 10^{-3}$	$2{,}66 \cdot 10^{-3}$	$2{,}27 \cdot 10^{-3}$	$0{,}66 \cdot 10^{-3}$	0,00000

14.2 Datenübersicht für Lösemittel

	Lösemittel	Formel	M in $g \cdot mol^{-1}$	ϑ_m in °C	ϑ_b in °C	Flammpunkt in °C
1	Aceton, Propanon	CH_3COCH_3	58,08	−94,8	56,2	−18
2	Ameisensäure, Methansäure	$HCOOH$	46,03	8,4	100,5	−69
3	Anilin	$C_6H_5NH_2$	93,13	−6,0	184,4	76
4	Benzol	C_6H_6	78,11	5,51	80,1	−8
5	Bromethan	C_3H_5Br	109,0	−118,9	38,4	
6	Butan-1-ol	C_4H_9OH	74,12	−89,8	117,8	22
7	Chlorbenzol	C_6H_5Cl	112,6	−45,2	131,7	28,5
8	Chloroform, Trichlormethan	$CHCl_3$	119,4	−63,5	61,2	[2])
9	Cyclohexan	C_6H_{12}	84,16	6,6	80,8	−17
10	1,2-Dichlorethan	CH_2ClCH_2Cl	98,95	−35,5	83,6	13,5
11	cis-1,2-Dichlorethen	$CHClCHCl$	96,93	−23,5	121,1	[1])
12	Dichlormethan	CH_2Cl_2	84,93	−96,7	40,21	[2])
13	Diethylether	$C_2H_5OC_2H_5$	74,12	−116,3	34,60	−40
14	1,2-Dimethylbenzol	$C_6H_4(CH_3)_2$	106,2	−27,9	143,6	} 140
15	1,3-Dimethylbenzol	$C_6H_4(CH_3)_2$	106,2	−49,3	139	
16	1,4-Dimethylbenzol	$C_6H_4(CH_3)_2$	106,2	13,3	138,4	
17	1,3-Dioxan	$(CH_2)_4O_2$	88,10	−42	105,6	} 5
18	1,4-Dioxan	$(CH_2)_4O_2$	88,10	11,7	101,4	
19	Dimethylsulfat	$(CH_3O)_2SO_2$	126,14	−32	188,5	83
20	Di-n-propylether	$C_3H_7OC_3H_7$	102,2	−122	90,1	−28
21	Essigsäure, Ethansäure	CH_3COOH	60,05	16,6	118	40
22	Essigsäureanhydrid	$(CH_3CO)_2O$	102,1	−73,0	140,0	−49
23	Essigsäureethylester	$CH_3COOC_2H_5$	88,10	−83,6	77,1	−5
24	Ethanol	C_2H_5OH	46,07	−114,4	78,37	12
25	Furan	C_4H_4O	68,07	85,6	31,3	−35
26	Glycerin, Propantriol	$C_3H_5(OH)_3$	92,09	−18,18	290,6	176
27	Glykol, Ethandiol	$CH_2(OH)CH_2OH$	62,07	−15,6	197,8	117
28	n-Heptan	C_7H_{16}	100,19	−90,6	98,4	−4
29	n-Hexan	C_6H_{14}	86,18	−94,3	68,7	−23
30	Kohlenstoffdisulfid	CS_2	76,15	−111,5	46,2	−30
31	Methanol	CH_3OH	32,04	−97,4	64,6	6,5
32	Nitrobenzol	$C_6H_5NO_2$	123,1	5,7	210,8	92
33	n-Octan	C_8H_{18}	114,3	−56,8	125,6	13
34	n-Pentan	C_5H_{12}	72,15	−129,7	36,0	−49
35	Pentan-1-ol, n-Amylalkohol	C_5H_{11}	88,15	−78,8	138,0	43
36	Phenol	C_6H_5OH	94,11	40,8	182,2	79
37	Propan-1-ol	C_3H_7OH	60,09	−126,2	97,4	15
38	Propan-2-ol	$CH_3CH(OH)CH_3$	60,09	−89,5	82,4	12
39	Propansäure	C_2H_5COOH	74,08	−19,7	141,35	52
40	Pyridin	C_5H_5N	79,10	−41,8	115,5	20
41	Tetrachlormethan	CCl_4	153,8	−22,9	76,7	[2])
42	Toluol	$C_6H_5CH_3$	92,13	−95	110,8	7

[1]) kaum brennbar [2]) nicht brennbar

M: **molare Masse** in $g \cdot mol^{-1}$
ϑ_m: **Schmelztemperatur** in °C bei $p = 1013{,}25$ hPa
ϑ_b: **Siedetemperatur** in °C bei $p = 1013{,}25$ hPa
ϱ: **Dichte** in $g \cdot mL^{-1}$ bei der angegebenen Temperatur in °C
$C_{m,p}$: **molare Wärmekapazität** in $J \cdot mol^{-1} \cdot K^{-1}$ bei der angegebenen Temperatur
$\Delta H_{m,s}$: **molare Schmelzenthalpie** in $kJ \cdot mol^{-1}$
$\Delta H_{m,v}$: **molare Verdampfungsenthalpie** in $kJ \cdot mol^{-1}$
α_V: **Volmenausdehnungskoeffizient** in K^{-1}
λ: **Wärmeleitzahl** bei 20 °C in $W \cdot m^{-1} \cdot K^{-1}$
n_D^{20}: **Brechzahl** bei 20 °C

ϱ in $g \cdot mL^{-1}$	bei °C	$C_{m,p}$ in $J \cdot mol^{-1} \cdot K^{-1}$	bei °C	$\Delta H_{m,s}$ in $kJ \cdot mol^{-1}$	$\Delta H_{m,v}$ in $kJ \cdot mol^{-1}$	α_V in K^{-1}	λ in $W \cdot m^{-1} \cdot K^{-1}$	n_D^{20}	
0,7905	20	125,2	20	5,719	29,1	$143{,}0 \cdot 10^{-5}$	0,180	1,35911	1
1,2224	18	99,1	25	12,728	22,3	$102{,}0 \cdot 10^{-5}$	0,272 [3])	1,37137	2
1,0217	20	190,9	25	10,555	45,1	$84{,}0 \cdot 10^{-5}$	0,172	1,58632	3
0,8789	20	136,1	25	9,866	30,8	$106{,}0 \cdot 10^{-5}$	0,155	1,5010	4
1,4586	20	87,9	25	5,862	26,8	$142{,}0 \cdot 10^{-5}$	0,121	1,42387	5
0,80961	20	183,4	20	9,274	44,0		0,167	1,3993	6
1,1062	20	145,7	20	7,536	35,7	$98{,}0 \cdot 10^{-5}$	0,126 [3])	1,52460	7
1,4890	20	112,5	20	9,546	29,7	$128{,}0 \cdot 10^{-5}$	0,121 [3])	1,4455	8
0,7783	20	181,7	20	2,680	30,1	$120{,}0 \cdot 10^{-5}$		1,4263	9
1,2529	20	124,3			31,4	$117{,}0 \cdot 10^{-5}$		1,44432	10
1,6239	15	113,9	15		34,7			1,50547	11
1,3255	20	49,7	0	4,187	28,0	$137{,}0 \cdot 10^{-5}$	0,159	1,4237	12
0,71925	15	170,8	16,8	7,536	26,6	$162{,}0 \cdot 10^{-5}$	0,138	1,3526	13
0,8811	20	182,2	21,9	13,607	36,8	$97{,}0 \cdot 10^{-5}$	0,142 [4])	1,5050	14
0,8656	20	175,4	2,1	11,597	36,4	$99{,}0 \cdot 10^{-5}$	0,142 [4])	1,3874	15
0,861	20	180,7	26,2	17,124	36,1	$102{,}0 \cdot 10^{-5}$		1,4958	16
1,0342	20							1,4165	17
1,03361	20	152,8	25	12,602	35,8	$109{,}4 \cdot 10^{-5}$		1,42241	18
1,3305	15,8							1,391	19
0,75178	15							1,3807	20
1,0492	20	123,5	25	11,723	23,7	$107{,}0 \cdot 10^{-5}$	0,197	1,3716	21
1,0810	20	185,5	23 … 122		39,3	$113{,}0 \cdot 10^{-5}$		1,39038	22
0,90056	20	169,1	20,4	9,420	32,3	$138{,}0 \cdot 10^{-5}$		1,37012	23
0,7894	20	111,5	25	5,024	38,7	$110{,}0 \cdot 10^{-5}$	0,180	1,3614	24
0,937	19	72,1	44,3		27,1			1,42157	25
1,2613	20	150,3	6 … 11	18,481		$50{,}0 \cdot 10^{-5}$	0,285	1,4746	26
1,1131	20	145,9	20,3	11,639	57,0	$62{,}0 \cdot 10^{-5}$	0,260	1,4318	27
0,6836	20	139,0	20	14,025	31,7	$124{,}4 \cdot 10^{-5}$	0,138	1,3876	28
0,6594	20	193,2	20,3	13,021		$135{,}0 \cdot 10^{-5}$	0,138	1,37506	29
1,2705	20	75,8	25	26,796	25,77	$118{,}0 \cdot 10^{-5}$	0,163	1,6203	30
0,7915	20	77,2	20	3,169	34,4	$119{,}0 \cdot 10^{-5}$	0,214	1,3288	31
1,2032	20	184,6	30	12,121		$83{,}0 \cdot 10^{-5}$	0,159	1,55230	32
0,7027	20	251,2	25,1	20,767	34,6	$114{,}0 \cdot 10^{-5}$	0,147	1,3974	33
0,6312	20	163,1	16,8	8,374	25,8	$160{,}0 \cdot 10^{-5}$	0,134	1,35769	34
0,80764	15	209,3	24,8	9,835		$88{,}0 \cdot 10^{-5}$	0,163	1,4101	35
1,0708	25	133,1	22,6	11,262	47,3			1,5408 [5])	36
0,8035	20	131,3	1,4	5,196	41,8	$98{,}0 \cdot 10^{-5}$	0,172	1,38533	37
0,7851	20	163,3	20	5,376	40,5	$106{,}0 \cdot 10^{-5}$	0,155	1,37757	38
0,9916	20	159,4	16	7,536	30,6	$109{,}0 \cdot 10^{-5}$	0,163 [3])	1,3809	39
0,9878	15	140,3	20	8,269	35,1	$112{,}2 \cdot 10^{-5}$		1,5092	40
1,5924	20	131,8	25	2,416	30	$122{,}0 \cdot 10^{-5}$	0,117 [4])	1,4601	41
0,8716	15	154,5	20	6,632	33,5	$110{,}9 \cdot 10^{-5}$	0,151	1,4961	42

[3]) bei 12 °C [4]) bei 0 °C [5]) bei 41°C, Schmelze

14.3 Molale Schmelztemperaturerniedrigungen und Siedetemperaturerhöhungen

K_K: **molale Schmelztemperaturerniedrigung, kryoskopische Konstante** in $K \cdot kg \cdot mol^{-1}$ bei $p = 1013{,}25$ hPa
K_E: **molale Siedetemperaturerhöhung, ebullioskopische Konstante** in $K \cdot kg \cdot mol^{-1}$ bei $p = 1013{,}25$ hPa
ϑ_m: **Schmelztemperatur des reinen Lösemittels** in °C bei 1013,25 hPa
ϑ_b: **Siedetemperatur des reinen Lösemittels** in °C bei 1013,25 hPa

Lösemittel	Schmelztemperaturerniedrigung		Siedetemperaturerhöhung	
	ϑ_m in °C	K_K in $K \cdot kg \cdot mol^{-1}$	ϑ_b in °C	K_E in $K \cdot kg \cdot mol^{-1}$
Anilin	–6,2	5,87	184,4	3,69
Campher	179,5	40	204	6,09
Cyclohexan	6,2	20,2	81,5	2,75
1,2-Dibromethan	9,975	12,5	131,6	6,43
1,4-Dioxan	11,78	4,63	100,3	3,27
Essigsäure, wasserfrei	16,6	3,90	118,5	3,08
Nitrobenzol	5,668	6,89	210,9	5,27
Phenol	40,8	7,27	182,2	3,60
Tetrachlormethan	–22,9	29,8	76,50	5,07
Wasser	0,0	1,86	100,0	0,515

14.4 *Van-der-Waals*-Faktoren für die Gleichung realer Gase

a: **Binnendruck, Kohäsionsdruck**
b: **Eigenvolumen der Gase**

Name	Formel	a in $L^2 \cdot kPa \cdot mol^{-2}$	b in $L \cdot mol^{-1}$
Aceton	CH_3COCH_3	1409,0	0,0994
Acetonitril	CH_3CN	1781,0	0,1168
Acetylen	C_2H_2	444,8	0,05136
Argon	Ar	136,6	0,03219
Bromwasserstoff	HBr	451,0	0,04431
Chlormethan	CH_3Cl	757,0	0,06483
Chlorwasserstoff	HCl	371,6	0,04081
Dimethyether	CH_3OCH_3	818,0	0,07246
Distickstoffmonoxid	N_2O	383,2	0,04424
Helium	He	3,412	0,02370
n-Hexan	C_6H_{14}	2471,0	0,1735
Kohlendioxid	CO_2	359,2	0,04267
Kohlenmonoxid	CO	148,5	0,03985
Methan	CH_4	225,3	0,04278
Methanol	CH_3OH	964,9	0,06702
Phosphin	PH_3	469,2	0,05156
Propanol	C_3H_7OH	1512,0	0,1019
Sauerstoff	O_2	138,0	0,03183
Schwefelwasserstoff	H_2S	449,0	0,04287
Stickstoffmonoxid	NO	135,8	0,02789
Stickstoff	N_2	140,8	0,03913
Stickstoffdioxid	NO_2	535,4	0,4424
Trichlormethan	$CHCl_3$	1537,0	0,1022
Wasser	H_2O	553,6	0,03049
Wasserstoff	H_2	24,8	0,02661

15 Molare Massen ausgewählter Verbindungen

Stoff	*M* in $g \cdot mol^{-1}$
Ag	107,9
AgBr	187,8
AgCN	133,9
AgCl	143,4
AgF	126,9
AgI	234,8
$AgNO_3$	169,9
AgSCN	166,0
Ag_2CrO_4	331,8
Ag_2O	231,8
Ag_2S	247,9
Ag_2SO_4	311,9
Ag_3PO_4	418,7
Al	26,98
$Al(C_9H_6NO)_3$	459,4
$AlCl_3$	133,3
$AlCl_3 \cdot 6\,H_2O$	241,4
AlF_3	83,98
$Al(OH)_3$	78,04
$AlPO_4$	122,0
Al_2O_3	102,0
$Al_2(SO_4)_3$	342,2
Al_4C_3	144,0
As	74,92
$AsCl_3$	181,3
AsH_3	77,95
AsO_3	122,9
As_2O_3	197,8
As_2O_5	229,8
As_2S_3	246,1
As_2S_5	310,2
Au	197,0
$AuCl_3$	303,4
B	10,82
BCl_3	117,2
BF_3	67,82
B_2O_3	69,64
Ba	137,3
$BaCO_3$	197,3
BaC_2O_4	225,3
$BaCl_2$	208,2
$BaCrO_4$	253,3
$Ba(NO_3)_2$	261,3
BaO	153,3
BaO_2	169,3
$Ba(OH)_2$	171,3
$BaSO_4$	233,4
$BaSiF_6$	279,4
$Ba_3(PO_4)_2$	601,8
Be	9,012
$BeCO_3 \cdot 4\,H_2O$	141,1
$Be(NO_3)_2 \cdot 4\,H_2O$	205,1
BeO	25,01
$Be(OH)_2$	43,03

Stoff	*M* in $g \cdot mol^{-1}$
Bi	209,0
$Bi(C_9H_6NO)_3$	641,4
$BiCl_3$	315,4
BiOCl	260,5
$Bi(OH)_3$	260,0
$BiPO_4$	304,0
Bi_2O_3	466,0
$Bi_2(SO_4)_3$	706,2
Bi_2S_3	514,2
Br	79,91
Br_2	159,8
C	12,01
CCl_4	153,8
$CHCl_3$	119,4
CH_2Cl_2	84,93
CH_2O	30,03
CH_3Br	94,94
CH_3COOH	60,05
CH_3Cl	50,48
CH_3F	34,03
CH_3I	141,9
CH_3OH	32,04
CH_4	16,04
CO	28,01
CO_2	44,01
CO_3^{2-}	60,01
CS_2	76,15
C_2H_2	26,04
$C_2H_2O_4$	90,04
$C_2H_2O_4 \cdot 2\,H_2O$	126,1
C_2H_4	28,05
C_2H_4O	44,05
$C_2H_4O_2$	60,05
C_2H_5Br	109,0
C_2H_5Cl	64,51
C_2H_5F	48,06
C_2H_5I	156,0
C_2H_5OH	46,07
C_2H_6	30,07
C_2H_6O	46,07
Ca	40,08
$Ca(CH_3COO)_2$	158,2
$CaCN_2$	80,11
$CaCO_3$	100,1
CaC_2	64,10
CaC_2O_4	128,1
$CaC_2O_4 \cdot H_2O$	146,1
CaClOCl	127,0
$CaCl_2$	111,0
$CaCl_2 \cdot 2\,H_2O$	147,0
$CaCl_2 \cdot 6\,H_2O$	219,1
CaF_2	78,08
$Ca(HCO_3)_2$	162,1
$CaHPO_4$	136,1

Stoff	*M* in $g \cdot mol^{-1}$
$Ca(NO_3)_2$	164,1
CaO	56,08
$Ca(OH)_2$	74,10
CaS	72,15
$CaSO_4$	136,2
$CaSO_4 \cdot \frac{1}{2}\,H_2O$	145,2
$CaSO_4 \cdot 2\,H_2O$	172,2
$CaSiO_3$	116,2
$Ca_3(PO_4)_2$	310,2
Cd	112,4
$Cd(CH_3COO)_2 \cdot 2\,H_2O$	266,5
$CdCO_3$	172,4
$CdCl_2$	183,3
$Cd(NO_3)_2 \cdot 4\,H_2O$	308,5
CdO	128,4
$Cd(OH)_2$	146,4
CdS	144,5
$CdSO_4$	208,5
$CdSO_4 \cdot \frac{8}{3}\,H_2O$	256,5
Ce	140,1
$Ce(SO_4)_2 \cdot 4\,H_2O$	404,3
Cl	35,45
ClO_2	67,45
Cl_2	70,90
Co	58,93
$CoCO_3$	118,9
$CoC_2O_4 \cdot 2\,H_2O$	183,0
$CoCl_2 \cdot 6\,H_2O$	237,9
$Co(NO_3)_2 \cdot 6\,H_2O$	291,0
CoO	74,93
$Co(OH)_2$	92,95
CoS	91,00
$CoSO_4$	155,0
$CoSO_4 \cdot 7\,H_2O$	281,1
Cr	52,00
$CrCl_3$	158,4
$Cr(NO_3)_3$	238,0
$Cr(OH)_3$	103,0
CrO_2Cl_2	154,9
CrO_3	100,0
Cr_2O_3	152,0
$Cr_2(SO_4)_3$	392,2
$Cr_2(SO_4)_3 \cdot 18\,H_2O$	716,5
Cu	63,55
CuCN	89,60
$Cu(C_9H_6NO)_2$	351,9
CuCl	99,00
$CuCl_2$	134,5
$CuFeS_2$	183,5
CuI	190,5
$[Cu(NH_3)_4]SO_4 \cdot H_2O$	245,8
$Cu(NO_3)_2 \cdot 3\,H_2O$	241,6
CuO	79,55
$Cu(OH)_2$	97,56
CuS	95,61

Stoff	*M* in $g \cdot mol^{-1}$
CuSCN	121,6
$CuSO_4$	159,6
$CuSO_4 \cdot 5\,H_2O$	249,7
Cu_2O	143,1
Cu_2S	159,2
F	19,00
F_2	38,00
Fe	55,85
$Fe(C_9H_6NO)_3$	488,3
$Fe(CN)_6$	212,0
$FeCO_3$	115,9
$Fe(CO)_5$	195,9
$FeCl_3$	162,2
$FeCl_3 \cdot 6\,H_2O$	270,3
$Fe(HCO_3)_2$	177,9
$Fe(NH_4)_2(SO_4)_2 \cdot 6\,H_2O$	392,1
FeO	71,85
$Fe(OH)_3$	106,6
$FePO_4$	150,8
FeS	87,91
FeS_2	120,0
$FeSO_4$	151,9
$FeSO_4 \cdot 7\,H_2O$	278,0
Fe_2O_3	159,7
$Fe_2(SO_4)_3$	399,9
Fe_3O_4	231,6
H	1,008
$HAuCl_4$	339,8
HBF_4	87,83
HBr	80,90
$HBrO_3$	128,9
HCN	27,03
HCOOH	46,03
HCSN, HSCN	59,10
HCl	36,46
HClO	52,46
$HClO_3$	84,46
$HClO_4$	100,5
HF	20,01
HI	127,9
HIO_3	175,9
HIO_4	191,9
HNO_2	47,02
HNO_3	63,02
HPO_3	79,98
H_2CO_3	62,03
H_2O	18,02
H_2O_2	34,02
H_2S	34,09
H_2SO_3	82,09
H_2SO_4	98,09
$H_2S_2O_8$	194,2
H_2SiF_6	144,1
H_2SiO_3	78,11
H_3AsO_3	125,9
H_3AsO_4	141,9
H_3BO_3	61,84
H_3PO_3	81,99
H_3PO_4	97,99

Stoff	*M* in $g \cdot mol^{-1}$
$H_4P_2O_7$	178,0
H_4SiO_4	96,12
Hg	200,6
$Hg(CN)_2$	252,6
$HgCl_2$	271,5
HgI_2	454,4
$Hg(NO_3)_2$	342,6
HgO	216,6
HgS	232,7
$Hg(SCN)_2$	316,8
$HgSO_4$	296,7
Hg_2Cl_2	472,1
I	126,9
I_2	253,8
K	39,10
$KAl(SO_4)_2 \cdot 12\,H_2O$	474,4
$KAlSi_3O_8$	278,4
$K[B(C_6H_5)_4]$	358,3
KBF_4	125,9
KBr	119,0
$KBrO_3$	167,0
KCN	65,12
KCl	74,55
$KClO_3$	122,6
$KClO_4$	138,6
KF	58,10
$KHCO_3$	100,1
KHS	72,17
$KHSO_4$	136,2
KH_2PO_4	136,1
KI	166,0
KIO_3	214,0
$KMnO_4$	158,0
KNO_2	85,10
KNO_3	101,1
KOH	56,12
KSCN	97,19
K_2O	94,20
K_2CO_3	138,2
$K_2C_2O_4 \cdot H_2O$	184,2
K_2CrO_4	194,2
$K_2Cr_2O_7$	294,2
K_2HPO_4	174,2
K_2PtCl_6	486,0
K_2SO_3	158,3
K_2SO_4	174,3
$K_2S_2O_8$	270,3
K_2SiF_6	220,3
$K_3[Co(NO_2)_6]$	452,3
$K_3[Fe(CN)_6]$	329,2
K_3PO_4	212,3
$K_4[Fe(CN)_6]$	368,4
$K_4P_2O_7$	330,3
Li	6,968
$LiAlH_4$	37,98
LiCl	42,42
$LiNO_3$	68,98
LiOH	23,98

Stoff	*M* in $g \cdot mol^{-1}$
Li_2CO_3	73,95
Li_2SO_4	110,0
Li_3PO_4	115,9
Mg	24,31
$MgCO_3$	84,32
$Mg(C_9H_6NO)_2$	312,6
$Mg(C_9H_6NO)_2 \cdot 2\,H_2O$	348,6
$MgCl_2$	95,21
$Mg(HCO_3)_2$	146,3
$MgNH_4PO_4 \cdot 6\,H_2O$	245,4
$Mg(NO_3)_2$	148,3
MgO	40,31
$Mg(OH)_2$	58,33
$MgSO_4$	120,4
$MgSO_4 \cdot 7\,H_2O$	246,5
$MgSiO_3$	100,4
$Mg_2P_2O_7$	222,6
Mg_2SiO_4	140,7
Mn	54,94
$MnCO_3$	115,0
$MnCl_2 \cdot 4\,H_2O$	197,9
MnO	70,94
MnO_2	86,94
MnO_4	118,9
$Mn(OH)_2$	88,96
MnS	87,01
$MnSO_4$	151,0
$MnSO_4 \cdot 7\,H_2O$	277,1
$Mn_2P_2O_7$	283,8
Mn_2O_3	157,9
Mn_3O_4	228,8
Mo	95,96
MoO_3	144,0
MoS_2	160,1
N	14,01
NH_2OH	33,03
NH_2SO_3H	97,10
NH_3	17,03
NH_4^+	18,04
$NH_4Al(SO_4)_2 \cdot 12\,H_2O$	453,4
NH_4Br	97,95
NH_4CH_3COO	77,09
NH_4Cl	53,49
$NH_4Cr(SO_4)_2 \cdot 12\,H_2O$	478,4
NH_4HS	51,12
$NH_4H_2PO_4$	115,0
NH_4I	144,9
$(NH_4)_2C_2O_4 \cdot H_2O$	142,1
$(NH_4)_2CO_3$	96,09
$(NH_4)_2CrO_4$	152,1
$(NH_4)_2Cr_2O_7$	252,1
$(NH_4)_2Fe(SO_4)_2 \cdot 6\,H_2O$	392,2
$(NH_4)_2HPO_4$	132,1
$(NH_4MgAsO_4)_2 \cdot H_2O$	380,6
$NH_4MgPO_4 \cdot 6\,H_2O$	245,4
NH_4NO_2	64,05
NH_4NO_3	80,05
NH_4SCN	76,13

Stoff	*M* in $g \cdot mol^{-1}$
NH_4ZnPO_4	178,4
$(NH_4)_3PO_4$	149,1
$(NH_4)_2S$	68,15
$(NH_4)_2SO_4$	132,2
$(NH_4)_2S_2O_3$	148,2
$(NH_4)_2S_2O_8$	228,2
NO	30,01
NO_2	46,01
NO_3	62,01
N_2	28,02
N_2H_4	32,05
N_2O_3	76,02
N_2O_5	108,0
Na	22,99
$NaAlSi_3O_8$	262,2
$Na[B(C_6H_5)_4]$	342,2
$NaBO_3 \cdot 4\,H_2O$	153,9
NaBr	102,9
$NaCH_3COO$	82,03
NaCN	49,01
NaCl	58,44
NaClO	74,44
$NaClO_3$	106,4
NaF	41,99
$NaHCO_3$	84,01
$NaHSO_4$	120,1
NaH_2PO_4	120,0
NaI	149,9
$NaIO_3$	197,9
$NaNH_4HPO_4 \cdot 4\,H_2O$	209,1
$NaNO_2$	69,00
$NaNO_3$	85,00
NaOH	40,00
NaSCN	81,08
$Na_2B_4O_7$	201,3
Na_2CO_3	106,0
$Na_2C_2O_4$	134,0
$Na_2Cr_2O_7 \cdot 2\,H_2O$	298,0
Na_2HPO_4	142,0
$Na_2H_2(C_{10}H_{12}O_8N_2) \cdot 2\,H_2O$	372,2
Na_2O	61,98
Na_2O_2	77,98
Na_2S	78,05
Na_2SO_4	142,1
$Na_2S_2O_3$	158,1

Stoff	*M* in $g \cdot mol^{-1}$
Na_2SiF_6	188,1
Na_2SiO_3	122,1
$Na_2[Sn(OH)_6]$	266,7
Na_3AlF_6	210,0
Na_3PO_4	163,9
Ni	58,69
$Ni(CO)_4$	170,3
$NiCO_3$	118,7
$NiC_8H_{14}N_4O_4$	288,9
$NiCl_2$	129,6
$Ni(NO_3)_2 \cdot 6\,H_2O$	290,8
NiO	74,69
NiS	90,76
$NiSO_4$	154,8
$NiSO_4 \cdot 7\,H_2O$	280,9
O	16,00
OH^-	17,01
O_3	48,00
P	30,97
PCl_3	137,3
PCl_5	208,2
$POCl_3$	153,3
P_4O_6	187,9
P_4O_{10}	283,9
Pb	207,2
$Pb(CH_3COO)_2$	325,3
$Pb(CH_3COO)_4$	443,4
$PbCl_2$	278,1
$PbCrO_4$	323,2
PbI_2	461,0
$PbMoO_4$	367,2
$Pb(NO_3)_2$	331,2
PbO	223,2
PbO_2	239,2
PbS	239,3
$PbSO_4$	303,3
Pb_3O_4	685,6
S	32,07
SO_2	64,07
SO_3	80,07
SO_4^{2-}	96,07
S_2Cl_2	135,0
Sb	121,8
$SbCl_3$	228,2
$SbCl_5$	299,1

Stoff	*M* in $g \cdot mol^{-1}$
SbOCl	173,3
Sb_2O_3	291,6
Sb_2O_5	323,6
Sb_2S_3	339,8
Sb_2S_5	404,0
Si	28,09
$SiCl_4$	169,9
SiF_4	104,1
SiH_4	32,12
SiO_2	60,09
SiO_3^{2-}	76,09
SiO_4^{2-}	92,09
Sn	118,7
$SnCl_2$	189,6
$SnCl_4$	260,5
SnO	134,7
SnO_2	150,7
SnS	150,8
SnS_2	182,8
Sr	87,62
$SrCO_3$	147,6
$SrCl_2$	158,5
$Sr(NO_3)_2$	211,6
$SrSO_4$	183,7
Ti	47,87
$TiCl_3$	154,2
$TiCl_4$	189,7
$TiOSO_4$	159,9
TiO_2	79,87
U	238,0
UO_2	270,0
$UO_2(CH_3COO)_2$	388,1
$UO_2(NO_3)_2 \cdot 12\,H_2O$	610,2
Zn	65,38
$Zn(C_9H_6NO)_2$	353,7
$ZnCO_3$	125,4
$ZnCl_2$	136,3
$ZnNH_4PO_4$	178,4
$Zn(NO_3)_2$	189,4
ZnO	81,38
$Zn(OH)_2$	99,40
$Zn_2P_2O_7$	304,7
ZnS	97,45
$ZnSO_4$	161,5
$ZnSO_4 \cdot 7\,H_2O$	287,6

Anhang

Griechisches Alphabet

$A\ \alpha$	$B\ \beta$	$\Gamma\ \gamma$	$\Delta\ \delta$	$E\ \varepsilon$	$Z\ \zeta$	$H\ \eta$	$\Theta\ \vartheta$
Alpha	Beta	Gamma	Delta	Epsilon	Zeta	Eta	Theta
$I\ \iota$	$K\ \kappa$	$\Lambda\ \lambda$	$M\ \mu$	$N\ \nu$	$\Xi\ \xi$	$O\ o$	$\Pi\ \pi$
Iota	Kappa	Lambda	My	Ny	Xi	Omikron	Pi
$P\ \varrho$	$\Sigma\ \sigma$	$T\ \tau$	$\Upsilon\ \upsilon$	$\Phi\ \varphi$	$X\ \chi$	$\Psi\ \psi$	$\Omega\ \omega$
Rho	Sigma	Tau	Ypsilon	Phi	Chi	Psi	Omega

Ausgewählte mathematische Grundlagen

Umstellen von Gleichungen: Eine Größe erhält auf der entgegengesetzten Seite des Gleichheitszeichens stets den entgegengesetzten Rechenbefehl.

Aus + wird – Aus · (Zähler) wird : (Nenner)

Aus – wird + Aus : (Nenner) wird · (Zähler)

Proportionen	**Produktgleichung** $a : b = c : d$ oder **Kreuzprodukt** $\frac{a}{b} = \frac{c}{d}$ z. B. $a = \frac{b \cdot c}{d}$
Potenzen	**Potenz** $x = a^n = (a \cdot a \ldots a)$ *a* für Basis, *n* für Exponent $a^0 = 1$ $a^{-n} = \frac{1}{a^n}$ **Gesetze** $a^n \cdot b^n = (a \cdot b)^n$ $\frac{a^n}{b^n} = \left(\frac{a}{b}\right)^n$ $a^m \cdot a^n = a^{m+n}$ $\frac{a^m}{a^n} = a^{m-n}$
Wurzeln	**Wurzel** $x = \sqrt[n]{a}$ *a* für Radikant, *n* für Wurzelexponent $\sqrt{a} = \sqrt[2]{a}$ **Gesetze** $\sqrt[n]{a} = a^{\frac{1}{n}}$ $\sqrt[n]{a^n} = \left(\sqrt[n]{a}\right)^n = a$ $\sqrt[n]{ab} = \sqrt[n]{a} \cdot \sqrt[n]{b}$ $\sqrt[n]{\frac{a}{b}} = \frac{\sqrt[n]{a}}{\sqrt[n]{b}}$
Logarithmen	**Logarithmus** $x = {}^{b}\lg a$ *a* für Numerus, *b* für Basis ${}^{b}\lg b = 1$ ${}^{b}\lg 1 = 0$ **Dekadischer Logarithmus** $10^x = a$ oder $x = {}^{10}\lg a = \lg a$ **Natürlicher Logarithmus** $e^y = b$ oder $y = {}^{e}\lg b = \ln b$ $e = 2{,}718282\ldots$ **Gesetze** $\lg a \cdot b = \lg a + \lg b$ $\lg \frac{a}{b} = \lg a - \lg b$ $\lg a^n = n \cdot \lg a$ $\lg \sqrt[n]{a} = \frac{1}{n} \lg a$
Gleichungen	**Gleichung ersten Grades mit 2 Lösungsvariablen** (lineare Gleichung mit 2 Unbekannten) Aus zwei Gleichungen mit zwei Lösungsvariablen ist am einfachsten durch Addition oder Subtraktion *eine* Gleichung mit nur *einer* Lösungsvariablen aufzustellen. **Substitutionsverfahren:** Eine der Gleichungen wird nach einer der Lösungsvariablen entwickelt und der gefundene Ausdruck in die zweite Gleichung eingesetzt.
Gleichungen	**Gleichung zweiten Grades** Allgemeine Form der quadratischen Gleichung: $ax^2 + bx + c = 0$ mit $a \neq 0$ 2 Lösungen: $x_{1,2} = \frac{-b \pm \sqrt{b^2 - 4ac}}{2a}$

Runden: Bei errechneten Messergebnissen gilt die vorletzte angegebene Stelle als sicher, nur die letzte Stelle kann unsicher sein.

Flächen

Quadrat

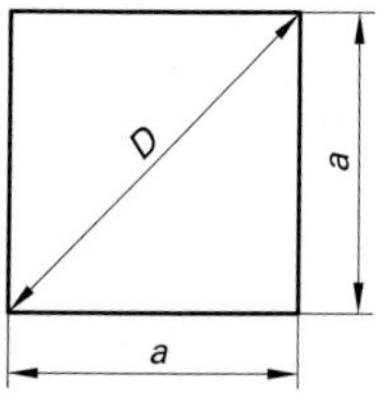

Fläche:
$A = a \cdot a = a^2$

Seitenlinie:
$a = \sqrt{A}$

Diagonale:
$D = a\sqrt{2} = a \cdot 1{,}4142\ldots$

Kreis

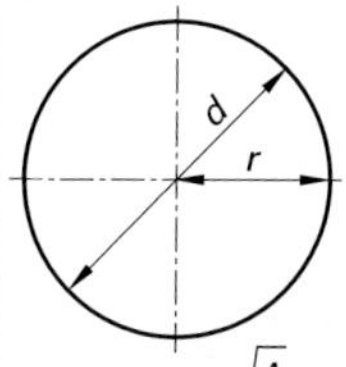

Umfang: $U = 2r \cdot \pi = d \cdot \pi$

$\pi = 3{,}14159265\ldots = \dfrac{U}{d}$

Fläche: $A = r^2 \cdot \pi = \dfrac{d^2 \cdot \pi}{4}$

Radius: $r = \sqrt{\dfrac{A}{\pi}} = \dfrac{U}{2\pi}$ Durchmesser: $d = \sqrt{\dfrac{4A}{\pi}} = \dfrac{U}{\pi}$

Rechteck

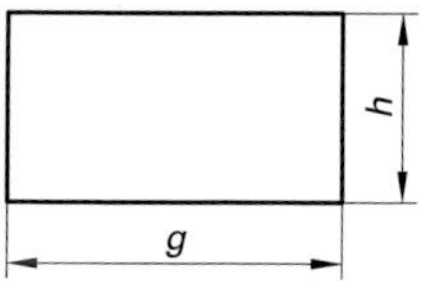

Fläche: $A = g \cdot h$

Grundlinie: $g = \dfrac{A}{h}$

Höhe: $h = \dfrac{A}{g}$

Rhombus (Raute)

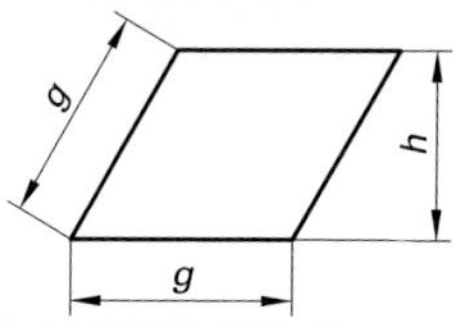

Parallelogramm

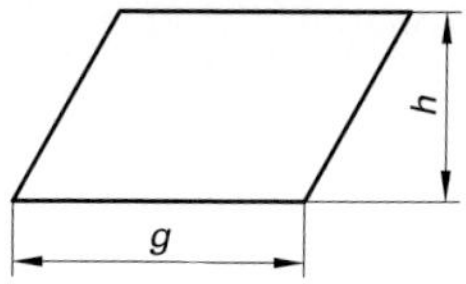

Dreieck

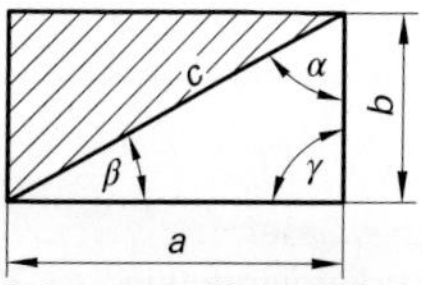

Fläche: $A = \dfrac{g \cdot h}{2}$

Grundlinie: $g = \dfrac{2A}{h}$

Höhe: $h = \dfrac{2A}{g}$

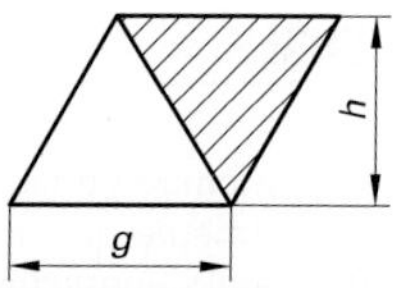

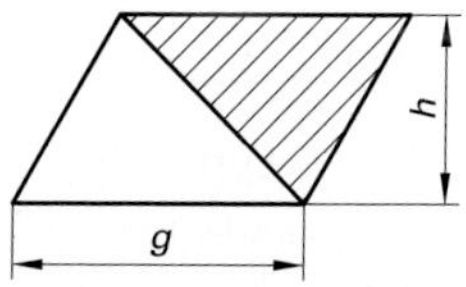

Seite gegenüber Winkel
α: Gegenkathete a
β: Ankathete b von a
γ(90°): Hypothenuse c

Rechtwinkliges Dreieck
$\sin\alpha = \dfrac{a}{c}$, $\sin\beta = \dfrac{b}{c}$

Satz des Pythagoras:
$a^2 + b^2 = c^2$

Kreisring

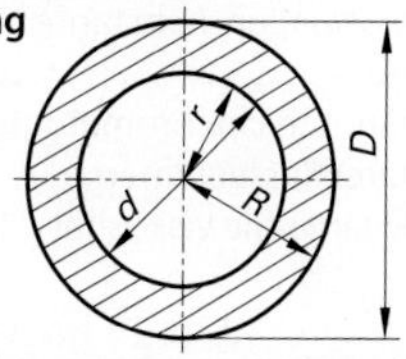

Radien: $R = \sqrt{\dfrac{A}{\pi} + r^2}$ $\quad r = \sqrt{R^2 - \dfrac{A}{\pi}}$

Durchmessser: $D = \sqrt{\dfrac{4A}{\pi} + d^2}$ $\quad d = \sqrt{D^2 - \dfrac{4A}{\pi}}$

Fläche: $A = \pi(R^2 - r^2) = \dfrac{\pi}{4}(D^2 - d^2)$

Körper

Würfel (Kubus)

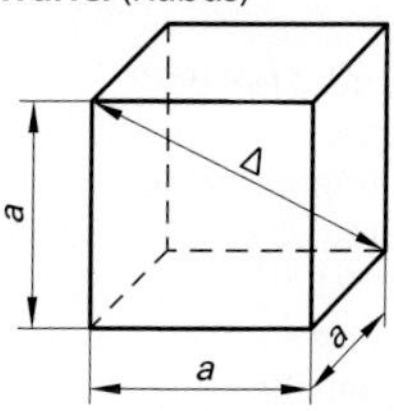

Volumen:
$V = a \cdot a \cdot a = a^3$

Oberfläche: $A = 6 \cdot a^2$

Kantenlänge: $a = \sqrt[3]{V}$

Raumdiagonale:
$\Delta = a \cdot \sqrt{3}$

Kugel

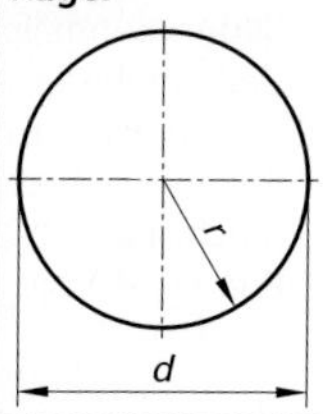

Volumen: $V = \dfrac{4}{3}\pi r^3$
$= \dfrac{1}{6}\pi d^3$
$= 0{,}5236\, d^3$

$V \approx 0{,}5\, d^3$

Oberfläche: $A = 4\pi r^2$

Zylinder

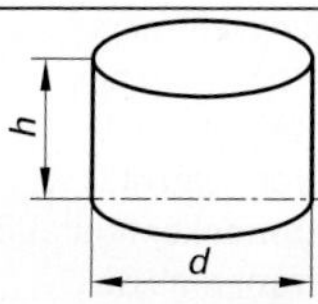

Volumen: $V = A \cdot h = r^2 \cdot \pi \cdot h$

Mantelfläche: $A_M = \pi \cdot d \cdot h$

Oberfläche: $A_O = \pi \cdot d \cdot h + \dfrac{d^2 \cdot \pi}{2}$

Bezeichnung und Umrechnung von Einheiten

Zeichen	%	‰	ppm	ppb	ppt
Benennung	pro cent (dt.: Hundertstel, Prozent)	pro mille (dt.: Tausendstel, Promille)	parts per million (dt.: Millionstel)	parts per billion (dt.: Milliardstel)	parts per trillion (dt.: Billionstel)

Wert	$1 \cdot 10^{-2}$	$= 10 \cdot 10^{-3}$	$= 10^{4} \cdot 10^{-6}$	$= 10^{7} \cdot 10^{-9}$	$= 10^{10} \cdot 10^{-12}$
Angabe	1 %	= 10 ‰	$= 10^{4}$ ppm	$= 10^{7}$ ppb	$= 10^{10}$ ppt

Wert	$1 \cdot 10^{-12}$	$= 10^{-3} \cdot 10^{-9}$	$= 10^{-6} \cdot 10^{-6}$	$= 10^{-9} \cdot 10^{-3}$	$= 10^{-10} \cdot 10^{-2}$
Angabe	1 ppt	$= 10^{-3}$ ppb	$= 10^{-6}$ ppm	$= 10^{-9}$ ‰	$= 10^{-10}$ %

Sachwortverzeichnis